Hochratenprozesse für organische Halbleiterbauelemente

Von der Fakultät für Elektrotechnik, Informationstechnik, Physik
der Technischen Universität Carolo-Wilhelmina zu Braunschweig

zur Erlangung der Würde eines
Doktor-Ingenieurs (Dr.-Ing.)
genehmigte

Dissertation

von
Dipl. Phys. Steffen Mozer
aus Stuttgart

Eingereicht am: 28. Oktober 2009
Mündliche Prüfung am: 9. Juni 2010

Referenten: Prof. Dr.-Ing. W. Kowalsky
Prof. Dr. A. Waag

2010

Bibliografische Information der Deutschen Nationalbibliothek
Die Deutsche Nationalbibliothek verzeichnet diese Publikation in der Deutschen
Nationalbibliografie; detaillierte bibliografische Daten sind im Internet über
http://dnb.d-nb.de abrufbar.
1. Aufl. - Göttingen : Cuvillier, 2010
  Zugl.: (TU) Braunschweig, Univ., Diss., 2010

978-3-86955-477-8

© CUVILLIER VERLAG, Göttingen 2010
  Nonnenstieg 8, 37075 Göttingen
  Telefon: 0551-54724-0
  Telefax: 0551-54724-21
  www.cuvillier.de

Alle Rechte vorbehalten. Ohne ausdrückliche Genehmigung
des Verlages ist es nicht gestattet, das Buch oder Teile
daraus auf fotomechanischem Weg (Fotokopie, Mikrokopie)
zu vervielfältigen.
1. Auflage, 2010
Gedruckt auf säurefreiem Papier

  978-3-86955-477-8

Vorwort

Meinen ersten Kontakt mit organischen Halbleiterbauteilen hatte ich in einer Vorlesung von Uli Lemmer am LTI in Karlsruhe während meines Studiums - ich zerbrach seinen Demonstrator...
Heute bin ich sehr froh, dass dieser Vorfall weder ihn noch mich abgeschreckt hat, eröffnete mir Uli doch einen Weg aus der öden physikalischen Grundlagenreiterei hinein in ein lebendiges, neues Forschungsgebiet am Puls der Zeit. Auf sein Anraten hin habe ich mich am IHF in Braunschweig um eine Promotionsstelle beworben. Uli, auch dafür meinen herzlichsten Dank!

In Braunschweig angekommen sollte ich mich mit weiß leuchtenden OLEDs beschäftigen. Doch an meinem ersten Arbeitstag eröffnete man mir, dass die Anlagenkapazität hierfür erst noch geschaffen werden muss. Also begann ich damit, Vakuumbeschichtungsanlagen zu konstruieren. Diese Tätigkeit durfte ich nach und nach auf den gesamten Maschinenpark des Instituts ausdehnen. Er verschlang einen Großteil meiner Arbeitszeit und brachte auf Grund mangelnder wissenschaftlicher Ergebnisse keinerlei Würdigung ein. Glücklicherweise beschränkt sich diese Sichtweise auf den universitären Spielbetrieb.

Die vorliegende Arbeit entstand während dieser Tätigkeit. Für die Möglichkeit, sie anzufertigen, danke ich Herrn Prof. Kowalsky. Herrn Prof. Waag danke ich für die Übernahme des Zweitgutachtens, ebenso wie Herrn Prof. Schöbel für die Übernahme des Prüfungsvorsitzes und sein Wohlwollen während meiner mündlichen Prüfung.

Dir, Hans-Hermann, danke ich für Deine Anleitung und die Freiheit, die Du mir in Deiner Arbeitsgruppe ermöglicht hast. Ohne Dich und ohne die Unterstützung meiner Mitdoktoranden, Leidensgenossen und Weggefährten am Institut wäre diese Arbeit unmöglich gewesen. Für Eure Unterstützung und die schöne Zeit mit Euch meinen herzlichen Dank!

Außerdem möchte ich den guten Geistern am Institut, der Werkstatt und meinen HiWis danken, die ich mit meinen Sonderwünschen und Eilaufträgen oft genug in den Wahnsinn getrieben habe. Namentlich erwähnen möchte ich Wiebke Sittel und Ihno Baumann, deren Studienarbeiten wesentlich zu den Ergebnissen meiner Arbeit beigetragen haben.

Mein Dank geht an meine Freunde, besonders an Sebastian Valouch und Benedikt Michel für ihre Korrekturen. Stellvertretend für all meine anderen Freunde möchte ich Wolfgang & Andrea, Carsten und Sebastian Döweling für die schöne Zeit und Eure Unterstützung danken.

Ich danke meinen Eltern Albrecht und Christl Mozer, meiner Schwester Anja und meinen Verwandten, die mich stets gefördert und bei all meinen Entscheidungen unterstützt haben. Ohne Eure Hilfe wäre ich bei vielen meiner Entscheidungen ins Straucheln gekommen - habt Dank für Euer Vertrauen!
Die liebevolle und tatkräftige Unterstützung durch meine Freundin Melanie Stürtz hat mir in dieser Zeit - und auch seither - sehr geholfen.

Für die Zukunft!

Bad Karlshafen, im Juli 2010

gez. Steffen Mozer

Zum Aufbau dieser Arbeit

Alle in dieser Arbeit verwendeten Geräte zur Herstellung und Vermessung der Proben als auch eine detaillierte Beschreibung der verwendeten Substrate und deren Herstellung und Vorbehandlung finden sich in Anhang C. Die Definition der mit Kurznamen bezeichneten organischen Halbleitermaterialien, die verwendeten Abkürzungen, Symbole und Formelzeichen sind auf den folgenden Seiten dargestellt.

Abkürzungen:

AFM	Atomic Force Microscope
ALD	Atomic Layer Deposition
EQE	Externe Quanteneffizienz
HOMO	Highes Occupied Molecular Orbital
IQE	Interne Quanteneffizienz
KFZ	Kraftfahrzeug
LCD	Liquide Crystal Display
LED	Light-Emitting Diode
LUMO	Lowest Unoccupied Molecular Orbital
OLED	Organic Light-Emitting Diode
OMBD	Organic Molecular Beam Deposition
OPV	Organic Photovoltaic
PLD	Pulsed Laser Deposition
PVD	Physical Vapor Deposition
REM	Rasterelektronenmikroskop
sccm	Standard-Kubikzentimeter
SPS	Speicherprogrammierbare Steuerung
TCL	Transparent Conducitve Layer
TCO	Transparent Conductive Oxide
UHV	Ultrahochvakuum (in dieser Arbeit verwendet ab: $p < 1 \cdot 10^{-5}\,mbar$)

Symbole:

Formelzeichen	Einheit	Beschreibung
A	$[m^2]$	Fläche
c_V	$[\frac{J}{K \cdot g}]$	Spezifische Wärmekapazität
η	$[1]$	Wirkungsgrad
η_{Lum}	$[\frac{lm}{W}]$	Luminanzwirkungsgrad
η_{Ph}	$[\frac{cd}{A}]$	Photometrischer Wirkungsgrad
I	$[A]$	elektrische Stromstärke
J	$[A/m^2]$	elektrische Stromdichte
k	$[1]$	Imaginärteil des Brechungsindex
λ	$[nm]$	Wellenlänge des Lichts
L	$[\frac{cd}{m^2}]$	optische Leuchtdichte
m	$[g]$	Masse
M	$[g/mol]$	Molare Masse
n	$[1]$	Realteil des Brechungsindex
n	$[1]$	Index eines Inkrements
p	$[mbar]$	Druck
P	$[W]$	elektrische Leistung
Pe	$[\frac{g}{m^2 \cdot tag}]$	Permeationsrate
Q, E	$[J]$	Energie
r, l, h, d	$[m]$	Abstand (Radius, Länge, Höhe, Dicke)
ρ	$[\frac{kg}{m^3}]$	Dichte
R	$[\Omega]$	elektrischer Widerstand
t	$[s]$	Zeit
T	$[K]$	Temperatur
T_g	$[K]$	Glasübergangstemperatur
T_c	$[K]$	Kristallisationstemperatur
T_a	$[K]$	Annealingtemperatur
U	$[V]$	elektrische Spannung
v	$[m/s]$	Geschwindigkeit
V	$[m^3]$	Volumen
z_s	$[m]$	Substratdicke

Materialbezeichnungen:

Abkürzung	chemische Bezeichnung
α-NPD	N,N'-Bis(napthalen-1-yl)-N,N'-Bis(phenyl)benzidin
Al	Aluminium
AlN	Aluminiumnitrid
Al_2O_3	Aluminiumoxid
Alq_3	Tris(8-hydroxyquinolinato)aluminium
AZO	Aluminium dotiertes Zinkoxid ($Al:ZnO$)
BAlq	Bis(2-methyl-8-quinolinolato-N1,O8)-(1,1'-Biphenyl-4-olato)aluminium
BPhen	4,7-Diphenyl-1,10-Phenanthrolin
BN	Bornitrid
Cs	Cäsium
DCM	(4-(Dicyanomethylen)-2-methyl-6-(pdimethylaminostyryl)-4H-pyranin
DI – Wasser	Deionisiertes (vollentsalztes) Wasser
F_4-TCNQ	2-[4-(Dicyanomethylidene)-2,3,5,6-tetrafluorocyclohexa-2,5-dien-1-ylidene]propanedinitrile
ITO	Indium dotiertes Zinnoxid ($In:SnO$)
LiF	Lithiumfluorid
MoO_3	Molybdänoxid
PEDOT : PSS	Poly(3,4-ethylenedioxythiophene) poly(styrene sulfonate)
TCTA	4,4',4"-Tris-(N-carbazolyl)-triphenylamin
TDATA	4,4',4"-Tris(N,N-diphenylamino)-triphenylamin
TiB	Titanborid
TPBi	1,3,5-Tris-(1-phenyl-1H-benzimidazol-2-yl)-benzen
TPD	N,N'-Diphenyl-N,N'-bis(m-tolyl)-benzidin

Inhaltsverzeichnis

1 Einleitung   1
  1.1 Motivation 1
      1.1.1 Physikalische Grundlagen 3
      1.1.2 Technologische Grundlagen 6
  1.2 Zielsetzung der Arbeit 7

2 Transparente, leitfähige Deckkontakte   9
  2.1 Verfahren und Material 11
      2.1.1 Einfluss der Prozessparameter 15
  2.2 Prozessbedingte Schädigung 26
      2.2.1 Partikelbombardement 27
      2.2.2 Thermische Schädigung 35
      2.2.3 Einfluss der UV-Strahlung 39
  2.3 Prozessentwicklung 43
      2.3.1 Stand der Wissenschaft 44
      2.3.2 Verfahrensanpassung auf den AZO-Prozess 46
      2.3.3 Bauteilvergleich 54

3 PVD-Abscheidung auf organischen Schichten   57
  3.1 Temperaturabhängige Veränderungen 59
  3.2 Physikalisch-thermische Gasphasenabscheidung 65
      3.2.1 Eigenschaften des Abscheideprozesses 65
      3.2.2 Der PVD-Prozess 69
  3.3 Verfahrensentwicklung 71
      3.3.1 Apparative Untersuchung 72
      3.3.2 Verfahrenstechnische Optimierung 79

4 Hochratenbeschichtung — 85
4.1 Verfahrensbeschreibung — 86
- 4.1.1 Verdampfersystem — 87
- 4.1.2 Verfahrensprofil — 89
- 4.1.3 Einfluss auf den Beschichtungsprozess — 93

4.2 Abscheidung der Deckkontaktschicht — 97
- 4.2.1 Schichtmorphologie — 97
- 4.2.2 Abscheidung auf konventionellen, organischen Schichten — 105

4.3 Abscheidung nichtmetallischer Schichten — 110
- 4.3.1 Nichtmetallische Einzelschichten — 111
- 4.3.2 Anorganische Injektionsschicht — 112
- 4.3.3 Organische Schichten — 115
- 4.3.4 Isomerisierung — 119

4.4 Hochratenbauteile — 122
- 4.4.1 Prozessoptimierung für Hochratenschichten — 122
- 4.4.2 Schichten aus mehreren Komponenten — 125

5 Zusammenfassung — 131

A Anmerkungen zum Einfluss äußerer Energie — 137

B Anmerkungen zur Hochratenabscheidung — 147

C Technische Spezifikation — 153

Abbildungsverzeichnis

1.1.1 Transparentes Anzeigeelement 2
1.1.2 Aufbau der verwendeten OLED 5
1.1.3 Organisches Halbleitermaterial 6

2.0.1 Schichtfolge und Brechungsindex 10
2.1.1 Kathodenzerstäubung 12
2.1.2 Orbitalgeometrie und deren Überlappung bei SnO_2 und ZnO . . . 16
2.1.3 Schichtqualität in Abhängigkeit der Prozessparameter 18
2.1.4 Argon-Fluss für verschiedene Prozesse 20
2.1.5 Einfluss der Sputterleistung auf den Bahnwiderstand 22
2.1.6 Einfluss der AZO-Schichtdicke 24
2.2.1 Veränderung der Bauteilcharakteristik 27
2.2.2 Kinetische Partikelenergie beim Sputtern 30
2.2.3 Schädigung in Abhängigkeit des Hintergrunddrucks 32
2.2.4 Wärmeentwicklung beim Sputterprozess 36
2.2.5 Energieübertragung auf das Substrat 37
2.2.6 UV-Absorption in Relation zur Abscheiderate 39
2.2.7 UV-Belastung der Organik 41
2.2.8 UV-Schädigung in Abhängigkeit der Leistung 42
2.3.1 Transparenz von Schutzschichten 46
2.3.2 Prozessadaption 47
2.3.3 Prozessparameter und Ergebnisse des graduellen Prozesses 49
2.3.4 REM-Kantenprofile von AZO auf MoO_3 50
2.3.5 Leckstromverhalten in Abhängigkeit der Prozessparameter 51
2.3.6 Schematische Entstehung eines Pinholes 52
2.3.7 Veränderte Bauteilcharakteristik bei Pinholes 53

2.3.8 REM Oberflächenanalyse von AZO-Schichten 54
2.3.9 OLED mit transparentem AZO-Deckkontakt im Vergleich 55
3.0.1 Inhomogene Leuchtdichteverteilung als Folge einer Erwärmung . . 58
3.1.1 Morphologische Veränderungen in Abhängigkeit der Temperatur . 60
3.1.2 SIMS-Profil 63
3.1.3 Nachweise der Kristallisation 64
3.2.1 Durch den Betrieb entstandene Anlassringe 66
3.2.2 Mikroskopaufnahmen von Schichten aus Al und Al_2O_3 67
3.2.3 Leuchtdichteinhomogenität auf Grund thermischer Erwärmung . . 68
3.2.4 Schemazeichnung eines PVD-Systems 70
3.3.1 Schemazeichnung der Verlustmechanismen eines PVD-Prozess . . 71
3.3.2 Temperaturentwicklung im optimierten PVD-Prozesses 74
3.3.3 Veränderung des Trägersystems durch Einführung einer Kavität . . 77
3.3.4 Schemazeichnung des weiterentwickelten PVD-Abscheidesystems 78
3.3.5 Prozessoptimierung in Abhängigkeit der Abscheiderate 81

4.1.1 Aufbau eines Systems zur Hochratenabscheidung 87
4.1.2 Hochratentiegel und Tiegelaufnahme 88
4.1.3 Verfahrensschema der Hochratenabscheidung 90
4.1.4 Strom und Leistung als Funktion der Prozesszeit 91
4.1.5 Temperaturverteilung während des Hochratenprozesses 94
4.1.6 Vergleich simulierter und gemessener Schichtdickenverteilung . . . 96
4.2.1 Röntgendiffraktometrie bzw. AFM an Al-Schichten 98
4.2.2 Aufnahmen mittels Rasterelektronenmikroskopie 99
4.2.3 Untersuchung der Schichtmorphologie 100
4.2.4 Permeationsuntersuchung 102
4.2.5 Bahnwiderstand in Abhängigkeit der Korngröße 105
4.2.6 REM-Aufnahmen von Al auf organischem Halbleitermaterial . . . 106
4.2.7 Hochratenabscheidung auf organischen Halbleitern 107
4.2.8 Vergleich der Bauteileigenschaften 108
4.3.1 OLED aus einem Hochratenprozess 111
4.3.2 Vergleich der Injektionseffizienz 113
4.3.3 Kombinierter Prozess zur Abscheidung von LiF und Al 115
4.3.4 Hochratenprozess für organische Halbleiter 117

4.3.5 Optimierung der organischen Hochratenbeschichtung 119
4.3.6 Spektrale Untersuchung von isomerisiertem Alq_3 120
4.3.7 Strukturen von meridionalem und facialem Alq_3 121
4.4.1 Regel- und Ansprechverhalten des Tiegels 123
4.4.2 Regelanpassung des Hochratenprozesses für organische Materialien 124
4.4.3 Effizienzvergleich von Hochraten- und konventionellen Bauteilen . 125
4.4.4 Mischungsverhältnis in Abhängigkeit der Schichtdicke 126
4.4.5 Photolumineszenzmessung der Dotierkonzentration 128

A.0.1 Schemazeichnung des modularen Verdampfersystems 146

Tabellenverzeichnis

2.1   Vergleich zwischen idealen und realen Schichteigenschaften 21
2.2   Evaluierte Prozessparameter 25
2.3   Temperaturprognose in Abhängigkeit der Prozessparameter 38

3.1   Glasübergangs- und Kristallisationstemperaturen 61
3.2   Schichtdickenänderung 63
3.3   Glasübergangstemperaturen 76

4.1   Schichtcharakterisierung verschiedener Aluminiumprozesse 103
4.2   Gegenüberstellung von konventionellem- und Hochratenverfahren 109
4.3   Emissionsmaxima von Alq_3-Phasen 121

B.1   Konstanten und Eingangswerte 148

Kapitel 1

Einleitung

1.1 Motivation

Licht ist eine existentielle Voraussetzung für das menschliche Leben. Die Kontrolle über das Feuer war ein wesentlicher Schritt in der Evolution des Menschen. Die Erfindung der Glühlampe als künstliche Lichtquelle im 19. Jahrhundert brachte grundlegende Veränderungen in der menschlichen Gesellschaft mit sich und markiert (zusammen mit anderen Erfindungen) den Übergang in das Industriezeitalter.

Ein weiterer, wichtiger Meilenstein der Lichttechnik war die Erfindung der Leuchtdiode (LED, *engl.: light emitting diode*) [1]. Anfang des 20. Jahrhunderts begann mit dieser Entwicklung die Nutzung von Halbleitern als künstliche Lichtquelle, die heute aus vielen Bereichen des Alltags nicht mehr weg zu denken ist.
Die erste organische LED (OLED, *engl.: organic light emitting diode*) publizierten Tang und Van Slyke im Jahre 1987 [2]. Spätestens mit dieser Entwicklung erweiterte sich das Materialspektrum für halbleiterbasierte Lichtquellen um eine völlig neue Materialklasse aus organischen Verbindungen.

Der wesentliche Unterschied zwischen den Funktionsweisen von LED und OLED liegt in der Art und Weise, wie die halbleitenden Eigenschaften entstehen. LEDs bestehen aus anorganischem Material, das im Bauteil in aller Regel in kristalliner Struktur vorliegt. Ihr halbleitender Charakter ist eine Eigenschaft des Kristalls, nicht der einzelnen Atome. Veränderungen der Eigenschaften des Bauteils, beispielsweise der Emissionswellenlänge, basieren hauptsächlich auf Veränderungen der anorganischen Kristallstruktur (z.b. durch eine Dotierung).

Bei organischen Halbleitern hingegen sind die elektronischen Eigenschaften vom atomaren Aufbau der verwendeten Moleküle geprägt. Eine Kristallstruktur ist nicht erforderlich, in vielen Fällen sogar hinderlich, beispielsweise bei OLEDs oder organischen Solarzellen (OPV, *engl.: organic photovoltaic*). Dieser Unterschied erlaubt es, organische Bauelemente aus verschiedenen Schichten großflächig aufzubauen. Die einzelnen, nur wenige Nanometer dünnen Schichten werden dabei zumeist aus verschiedenen Materialien hergestellt. Während der Aufbau von LEDs auf die Form kleiner, hell leuchtender Punkte beschränkt ist, kann die aktiv leuchtende Fläche von OLEDs nahezu jede Form und Größe annehmen.

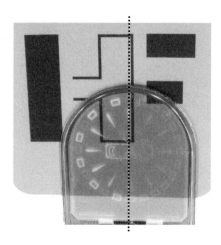

Abbildung 1.1.1: Transparentes Anzeigeelement im eingeschalteten (links), und ausgeschalteten Betriebszustand (rechts)

Die Herstellung organischer Bauteile ist sowohl mittels thermischer Deposition als auch mit Druckverfahren möglich. Diese fehlertoleranten, einfach skalierbaren Technologien ermöglichen eine kosteneffiziente Massenproduktion. In Kombination mit den inhärenten Vorteilen der Großflächigkeit, Energieeffizienz, Flexibilität und Transparenz sind das Marktpotenzial und die Anwendungsgebiete dieser Technologie nahezu unbegrenzt. Hinzu kommt, dass OLEDs auf fast allen ebenen Flächen abgeschieden werden können, beispielsweise auf Folie, Glas, Stahlblech oder elektrischen Leiterplatten.

Animierte Konsumverpackungen, selbstleuchtende Fensterelemente, stromerzeugende Autodächer oder tragbare, flexible Displays (sog. elektronisches Papier) sind daher nur eine kleine Auswahl der vorstellbaren Anwendungen, die teilweise bereits realisiert wurden. So zeigt beispielsweise das Foto aus Abbildung 1.1 ein im Rahmen dieser Arbeit entstandenes Anzeigeelement zum Einsatz in einem KFZ. Die Transmission beträgt mehr als 65 %[1], das Bauteil ist etwa $10 \cdot 10\,cm^2$ groß.

1.1.1 Physikalische Grundlagen

In dieser Arbeit wird anhand des Beispiels einer OLED der Einfluss der Beschichtungstechnologie auf die Eigenschaften des Bauteils untersucht. Eine solche Beeinflussung kann beispielsweise über thermische Strahlung erfolgen, die durch den Abscheideprozess in die organische Schicht injiziert wird. Um analysieren zu können, wie die Prozessbedingungen die Eigenschaften des Bauteils verändern können, wird zunächst die grundsätzliche Funktionsweise einer OLED näher erläutert.

Organische Halbleiterschichten bestehen zumeist aus amorphen Strukturen organischer oder metallorganischer Verbindungen. Dabei kann für jede Funktion im Bauteil (beispielsweise den Ladungsträgertransport oder die Lichtemission)

---

[1] Gemessen inklusive Verkapselung und Substrat. Gemittelt über den Querschnitt der Fläche und den Gesamten sichtbaren Spektralbereich. Unter Verwendung nicht opaker Lithographie sind Transmissionen bis 80 % möglich.

ein anderes, jeweils für die spezifischen Aufgaben maßgeschneidertes Molekül verwendet werden. Auf Grund des amorphen Charakters der Schichten bildet sich (anders als bei anorganischen Halbleitern) keine Kristallstruktur und infolgedessen auch keine (wirkliche) Bänderstruktur im Sinne delokalisierter Ladungsträger aus. Die Valenzelektronen sind stattdessen weiterhin an das Molekül gebunden. Der Transport von Ladungsträgern erfolgt durch sogenannte Hopping-Prozesse [3, 4] von einem Molekül zum nächsten. Die hierfür nötige Energie muss von einem äußeren elektrischen Feld zur Verfügung gestellt werden.

Durch das Anlegen dieser Spannung werden Elektronen von der Kathode in die energetisch günstigsten Orbitale (LUMO) der angrenzenden organischen Schicht injiziert. Seitens der Anode fließen Elektronen aus den Orbitalen mit der geringsten Bindungsenergie (HOMO) in die Anode ab. Die entstandenen Fehlstellen - die sogenannten Löcher - werden durch Hopping-Prozesse von Elektronen aus dem Inneren der Schicht erneut besetzt, die Fehlstellen wandern entgegen der Elektronenbewegung in die Schicht hinein. Das äußere elektrische Feld weist den Hopping-Prozessen eine Vorzugsrichtung zu, ein Stromfluss entsteht. Die Ladungstransporteigenschaften und das Energieniveau von HOMO und LUMO sind dabei materialspezifische Größen der verwendeten Moleküle. Dieser Prozess ist in Abbildung 1.1.2(b) schematisch skizziert.

Treffen Elektronen und Löcher an der Grenzfläche zwischen Elektronen-leitender und Löcher-leitender Schichten aufeinander, wirkt die entgegengesetzte Polarität der Ladung von Elektronen und Löchern anziehend aufeinander. Dabei kann es passieren, dass ein Loch und ein Elektron in unmittelbare Wechselwirkung miteinander treten - ein Exziton entsteht. Bei der Rekombination des Exzitons wird die Energiedifferenz zwischen Elektron (LUMO) und Loch (HOMO) frei gesetzt. Sie kann (unter Anderem) als Photon emittieren, wobei die Farbe des Lichts der Bindungsenergie der Exzitonen entspricht [5].
Die Effizienz der Exzitonenbildung und die Wahrscheinlichkeit einer strahlenden Rekombination kann maßgeblich durch die Bauteilarchitektur [6] und die Wahl geeigneter organischer Halbleitermaterialien [7] beeinflusst werden.

1.1.1 Physikalische Grundlagen

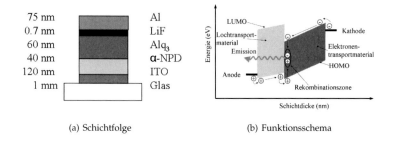

(a) Schichtfolge   (b) Funktionsschema

Abbildung 1.1.2: Modellbeispiel der Schichtreihenfolge und des Funktionsschemas einer OLED. Das Bauteil besteht aus zwei halbleitenden, organischen Schichten: dem Lochtransportmaterial α-NPD und dem Elektronentransportmaterial Alq_3, das hier zugleich als Singulettemitter fungiert.

Als exemplarisches Beispiel für eine OLED wird an dieser Stelle ein in der Literatur [8, 9] eingehend beschriebenes Modellsystem aus zwei funktionellen Schichten vorgestellt (s. Abbildung 1.1.2(a)). Die OLED ist dabei etwa 300 nm dick, die aktive Fläche nahezu beliebig ($\mu m \ldots m$) groß. Auf Grund der geringen Eigensteifigkeit so dünner Schichten wird zwingend ein Trägersubstrat benötigt. Es besteht im gezeigten Beispiel aus Floatglas (s. Anhang C). Darauf befindet sich eine transparente, leitfähige Schicht aus Indium-Zinn-Oxid (ITO). Diese Schicht erlaubt sowohl eine vollflächige elektrische Kontaktierung der OLED als auch die Auskopplung des erzeugten Lichts. Die organischen Schichten bestehen aus dem Lochtransportmaterial α-NPD und dem Elektronenleiter Alq_3. Eine dünne Injektionsschicht aus LiF und eine metallische Deckelektrode aus Aluminium schließen das Bauteil ab.

Um die Bildung von Exzitonen und deren strahlende Rekombination zu forcieren, wird an der Grenzfläche zwischen Elektronen- und Lochtransportmaterial häufig eine weitere Schicht (Emitterschicht genannt), in die Schichtfolge eingebracht. Im dargestellten Beispiel (Abbildung 1.1.2) wird diese Aufgabe von dem Singulettemitter Alq_3 übernommen. Die jeweilige chemische Struktur der beiden Moleküle ist in Abbildung 1.1.3 dargestellt.

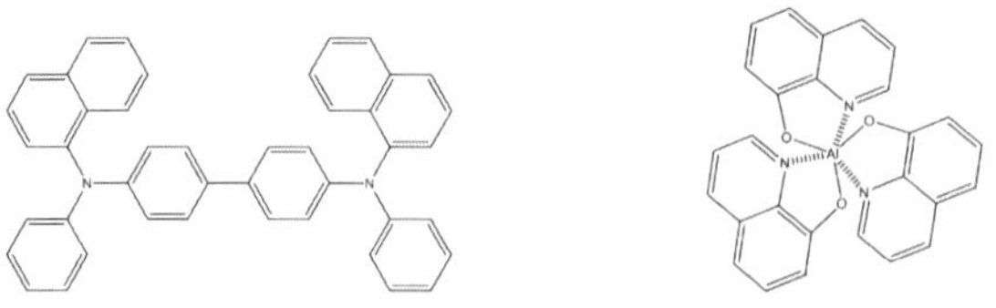

(a) α-NPD (b) Alq₃

Abbildung 1.1.3: Chemische Strukturen der verwendeten organischen Halbleitermaterialien. Dargestellt sind das Lochtransportmaterial α-NPD und das Elektronentransportmaterial Alq₃, das im beschriebenen Modellsystem auch als Singulettemitter fungiert.

1.1.2 Technologische Grundlagen

Für die Herstellung dünner Schichten aus organischem Material sind in der Literatur zwei grundsätzliche Verfahrensweisen bekannt: Die Flüssig- und die Gasphasenabscheidung. Verbindungen mit großem Molekulargewicht werden meist in Lösungsmitteln gelöst und aus der Flüssigphase verarbeitet. Hierbei kommen Tauch-, Schleuder- oder Druckverfahren zum Einsatz, denen sich in der Regel ein Trocknungsprozess anschließt.

Kleine Moleküle werden fast ausschließlich aus der Gasphase verarbeitet. Dieses Verfahren wird physikalisch-thermische Gasphasenabscheidung (PVD, *engl.: physical vapor deposition*, s. Kapitel 3.2 und [10]) genannt. Unter Vakuumbedingungen ($p < 10^{-6} mbar$) wird das Material durch Zufuhr thermischer Energie in einem Verdampfungs- oder Sublimationsvorgang in die Gasphase überführt. Kommt der resultierende Partikelstrom mit der Substratoberfläche in Kontakt, kondensieren die Moleküle daran und bilden sukzessiv eine Schicht. Der Temperaturunterschied zwischen ungeheiztem Substrat und Partikelstrom ist dabei so groß, dass Diffusionsprozesse auf der Oberfläche unterbunden werden. Die entstehende Schicht besitzt daher zumeist eine amorphe Struktur.

Die als Kathoden verwendeten, metallischen Schichten werden fast ausschließlich im PVD - Verfahren hergestellt. Eine Ausnahme bilden die transparenten, elektrisch leitfähigen Schichten (TCL, *engl.: transparent conductive layers*), zu deren Herstellung häufig das Verfahren der Kathodenzerstäubung (*engl.: sputtern*, s. Kapitel 2 und [11]) eingesetzt wird. Die Abscheidung der Elektrodenschichten durch Kathodenzerstäubung und PVD sowie der Einfluss dieser Prozesse auf die Eigenschaften des Bauteils stehen im Fokus dieser Arbeit.

1.2 Zielsetzung der Arbeit

Sowohl die Morphologie der halbleitenden Schichten als auch die chemische Struktur der organischen Moleküle können durch äußere Einflüsse verändert oder sogar zerstört werden. Dies kann beispielsweise durch Zufuhr thermischer Energie, UV-Bestrahlung oder Teilchenbeschuss erfolgen. Insbesondere der molekulare Aufbau und der amorphe Schichtcharakter sind für dieses sensible Verhalten verantwortlich.

Das Ziel der vorliegenden Arbeit ist es, die Herstellungsprozesse einer OLED zu optimieren und die prozessbedingten Degradationseinflüsse zu minimieren. Dabei werden industriell relevante Produktionsprozesse wie die Kathodenzerstäubung und die Hochratenverdampfung untersucht.

Bei der Herstellung transparenter OLEDs stellt die Abscheidung eines transparenten Deckkontakts auf den Organikschichten eine zentrale Herausforderung dar. Hierfür wird die Eignung des Kathodenzerstäubungsprozesses untersucht. Die Degradationsmechanismen, die dadurch in einer OLED ausgelöst werden können, werden eingehend betrachtet. Es wird ein Prozess entwickelt, der es erlaubt, mit Aluminium dotiertes Zinkoxid (AZO) als Deckelektrode auf organische Schichte zu sputtern. Der Einfluss des Herstellungsverfahrens auf die Bauteileigenschaften ist ebenso Gegenstand der Untersuchungen wie der Vergleich mit nichttransparenten Referenzbauteilen.

Bei der physikalisch-thermischen Gasphasenabscheidung besteht die größte Belastung der Bauteile in der thermischen Erwärmung, ausgehend von der Abscheidequelle. Ein weiteres Ziel der Arbeit besteht darin, den Abscheideprozess so zu optimieren, dass der Einfluss der Abscheidung auf die Bauteile weitestgehend zu reduzieren ist. Hierfür wird zunächst der Einfluss eines Temperaturanstiegs auf die physikalischen Eigenschaften einer organischen Schicht untersucht. Eine Relation wird entwickelt, die abhängig von den physikalischen Eigenschaften des verwendeten organischen Materials einen Anhaltspunkt für die maximal vertretbare thermische Belastung der Schicht während aller folgenden Herstellungsprozesse gibt.

Unter Berücksichtigung dieser Grenzparameter soll der Fertigungsprozess einer OLED analysiert werden. Das Hauptaugenmerk der Untersuchungen liegt dabei auf dem Abscheideprozess der Deckelektrode, deren Wärmeentwicklung das Maximum der gesamten Herstellungskette des Bauteils darstellt. Anders als die Abscheidung organischer Schichten ist die PVD-Abscheidung der Deckelektrode zudem nicht durch einen Flüssigphasenprozess ersetzbar.

Die Ergebnisse aus diesen Untersuchungen führen zur Entwicklung eines Hochratenverfahrens auf Basis der Flashverdampfertechnologie. Dessen Eignung zur Abscheidung anorganischer Deckkontakte auf organischen Halbleiterschichten wird untersucht und der Prozess hierfür weiterentwickelt. Der Einfluss des Verfahrens auf das Bauteil als Ganzes und auf die abgeschiedene Schicht im Einzelnen wird ebenso untersucht wie die Eignung des Verfahrens zur Abscheidung organischer Halbleiterschichten. Die Eigenschaften metallischer und organischer Schichten werden in Abhängigkeit des Prozesses analysiert. Die Herstellung graduell dotierter und homogen dotierter Schichten ist ebenso möglich, wie eine kombinierte Abscheidung mehrerer Materialien aus einem einzigen Abscheideprozess. Die physikalischen und elektrooptischen Eigenschaften der so hergestellten OLEDs werden charakterisiert und mit konventionell hergestellten Bauteilen verglichen.

Kapitel 2

Transparente, leitfähige Deckkontakte

Einleitung

Ein zentrales Alleinstellungsmerkmal organischer Halbleiter ist ihr extrem dünner, flächiger Aufbau. Die gesamte Schichtdicke einer normalen OLED ist zumeist kleiner als die Wellenlänge des Lichts im sichtbaren Spektralbereich. Zudem besitzen organische Materialien einen ausgeprägten Stokes-Shift [12], d.h. eine Verschiebung zwischen den Wellenlängenbereichen ihrer Lichtabsorption und ihrer Lichtemission. Diese Kombination an Eigenschaften erlaubt es, aus organischen Halbleitern vollflächig aktiv leuchtende und zugleich hochtransparente Bauelemente herzustellen.

Das im Bauteil erzeugte Licht muss durch eine der elektrischen Kontaktschichten ausgekoppelt werden. Hierfür muss dieser Kontakt (TCL) aus einem elektrisch leitfähigen und zugleich optisch transparenten Material bestehen. Wegen der geringen Querleitfähigkeit des organischen Halbleitermaterials (z.B. Alq_3 mit $3 \cdot 10^{-15}\, S/cm$ [9]) wird die transparente Elektrode in der Regel aus anorganischen Verbindungen hergestellt. Konventionelle, elektrische Leiter wie Aluminium oder Gold, zeichnen sich durch eine Überlappung von Leitungs- und Valenzband aus. Dadurch weisen sie eine hohe Leitfähigkeit auf, aber auch eine sehr geringe Transmission im sichtbaren Wellenlängenbereich.

10 KAPITEL 2. TRANSPARENTE, LEITFÄHIGE DECKKONTAKTE

Die TCL-Elektrode besteht daher häufig aus transparenten, elektrisch leitfähigen Oxiden (TCO, *engl.: transparent conductive oxides*), unter denen das bekannteste, das mit Indium dotierte Zinnoxid (ITO, *engl.: indium tin oxide*) ist. Für ITO sind eine Vielzahl von Abscheidemethoden wie PLD (*engl.: pulsed laser deposition*) [13] und ALD (*engl.: atomic layer deposition*) [14] oder thermisches Aufdampfen [15, 16] bekannt. Am häufigsten kommt das Verfahren der Kathodenzerstäubung (*engl.: sputtern*) zum Einsatz [17].

Seitens des Bodenkontakts kann auf kommerziell erhältliche, mit TCO beschichtete Gläser zurückgegriffen werden. Nahezu alle in OLEDs eingesetzten Bodenkontakte bestehen aus einem Vertreter dieser Materialklasse. Soll ein volltransparentes Bauteil hergestellt werden, muss zusätzlich zum Bodenkontakt ein TCL auf der OLED abgeschieden werden (s. Abbildung 2.0.1 (a)). Anders als bei passiven Bauelementen, wie z.B. LCDs, werden bei selbstleuchtenden Bauteilen vergleichsweise hohe Stromdichten in den Kontaktschichten erreicht.

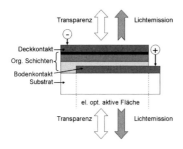
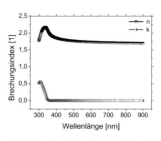

(a) Transparente (nicht invertierte) OLED   (b) Komplexer Brechungsindex AZO

Abbildung 2.0.1: Schichtfolge einer transparenten OLED und Verlauf des Realteils n und Imaginärteils k des Brechungsindex einer Deckelektrode aus AZO. Der transparente Deckkontakt erlaubt eine Emission des Bauteils in beide vertikale Richtungen. Die Deckelektrode aus AZO ist im sichtbaren Spektralbereich transparent und erlaubt die Herstellung volltransparenter Bauteile.

Neben der elektrischen Leitfähigkeit ist eine geringe Absorption der TCL-Schicht von Interesse. Diese erlaubt höhere Schichtdicken der Leiterbahnen bei gleichbleibenden Transmissionsverlusten. Abbildung 2.0.1 (b) zeigt den spektralen Verlauf von n und k der verwendeten Deckkontaktschichten aus aluminiumdotiertem Zinkoxid (AZO, *engl.: aluminium doped zinc oxide*). Der Anstieg des Imaginäranteils k ab etwa $\lambda = 350\,nm$ $(3,5\,eV)$ zeigt die Fundamentalabsorption des TCO an [18]. Die Transmission einer solchen AZO-Schicht liegt im sichtbaren Spektralbereich ($\lambda = 380\ldots 780\,nm$) bei durchschnittlich 92 %. Sie ist von der Schichtdicke des AZO weitgehend unabhängig, da dessen Extinktionskoeffizient k nahe Null ist (s. auch Abbildung 2.1.6 (b)). Die Transmissionsverluste können hauptsächlich auf Interferenzeffekte zurückgeführt werden.

2.1 Verfahren und Material

In diesem Kapitel wird der Kathodenzerstäubungsprozess von AZO näher erläutert. Dieser Prozess wurde mit der Absicht einer rückwirkungsfreien Abscheidung auf organischen Halbleitern untersucht und hierfür weiterentwickelt. Hierbei kann auf umfangreiche Vorarbeiten bei der Kathodenzerstäubung von AZO [19, 20, 21, 22] und viel institutsinterne Erfahrung bei der Abscheidung von ITO auf organischem Material zurückgegriffen werden [11, 23, 24]. Anders als bei ITO sind die Eigenschaften der Schicht (z.B. die Transmission oder der Bahnwiderstand) bei AZO jedoch wesentlich von der Prozessführung des Abscheideprozesses abhängig. Die wesentliche Zielsetzung dieser Arbeit ist daher, einen Prozess zu entwickeln, der die Abscheidung transparenter, elektrisch leitfähiger AZO-Schichten zulässt, aber keine nachteiligen Auswirkungen auf die darunterliegenden organischen Schichten verursacht.

Allgemeine Prozessbeschreibung

Unter dem Begriff der Kathodenzerstäubung versteht man ein Verfahren, bei dem ionisierte Trägergasatome in einem elektrischen Feld beschleunigt werden und auf die Kathode (*engl.: target*) treffen [25]. Dort geben sie ihre kinetische

Energie in einer sogenannten Stoßkaskade an die Oberflächenmoleküle ab. Wird dabei die Bindungsenergie überschritten, lösen sich Partikel aus der Kathodenoberfläche und rekondensieren beim ersten Kontakt mit einer kälteren Oberfläche (z.B. dem Substrat) wieder. Bei diesem Prozess handelt es sich um ein seit langem etabliertes, industrielles Standardverfahren, das wissenschaftlich bereits eingehend untersucht wurde [26, 27, 28].

Die folgende Abbildung 2.1.1 zeigt den schematischen Aufbau aller funktionellen Komponenten der in dieser Arbeit verwendeten Anlage. Das Substrat befindet sich kopfüber an einem Transportsystem, das laterale Oszillation erlaubt. Die $18 \cdot 7,5\,cm^2$ große Magnetronkathode befindet sich in 9,5 cm Abstand. Sie wird durch aktive Kühlung während des gesamten Prozesses auf konstanter Temperatur ($\sim$15 °C) gehalten. Als Prozessgase werden Argon und Sauerstoff verwendet, die mittels Durchflussregler (MFC, *engl.: mass flow controler*) dosiert werden. Der Hintergrunddruck wird durch ein Schmetterlingsventil geregelt.

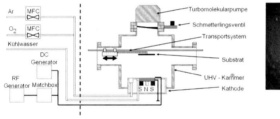 

(a) Schematische Zeichnung der verwendeten Anlage   (b) Foto Argonplasma

Abbildung 2.1.1: Schematischer Aufbau der verwendeten Anlage zur Kathodenzerstäubung. Das ringförmige Magnetfeld der Magnetronkathode konzentriert das Plasma auf einen torus-förmigen Bereich oberhalb des Targets.

Es gibt eine sehr große Vielfalt der eingesetzten Verfahren, die jeweils auf die spezifische Beschichtungsaufgabe optimiert wurden. Grundsätzlich kann zwischen Prozessen unterschieden werden, bei denen das Plasma durch ein Gleichspannungs- (DC, *engl.: direct current*) oder Wechselspannungsfeld (RF, *engl.: radio frequency*) erzeugt wird.

Glimmentladung über Gleichspannung

Im Falle einer Glimmentladung wird ein Hochspannungsfeld zwischen den Elektroden angelegt, dessen Polarität sich während des Prozesses nicht ändert. Das Feld beschleunigt vorhandene Ladungsträger und führt zu vermehrten Stößen. Wird die Ionisationsenergie von 15,6 eV erreicht, wird das neutrale Argonatom ionisiert und in Richtung auf die Kathode beschleunigt. Dort löst es die bereits erwähnte Stoßkaskade aus. Neben Kathodenpartikeln können auch Elektronen aus der Kathode herausgelöst werden. Diese sogenannte Sekundärelektronen verdichten ihrerseits das Plasma und tragen zur Aufrechterhaltung des kontinuierlichen Prozesses bei. Weil die elektrische Ladung in diesem Fall über das Target abgeleitet werden muss, können nur elektrisch leitfähige Verbindungen auf diese Weise zerstäubt werden. Bei elektrisch isolierenden Kathodenwerkstoffen wird auf Grund des fehlenden Ladungsträgerabflusses ein Gegenfeld aufgebaut. Dieses kompensiert das durch den Generator erzeugte Feld und lässt den Prozess zum Erliegen kommen.

RF-Sputtern

Auf Grund ihrer geringeren Masse besitzen Elektronen im Vergleich zu Argonionen eine deutlich höhere Beweglichkeit im Plasma. Wird das Plasma über ein hochfrequentes (hier: 13,56 MHz) Wechselfeld erzeugt, ist es für die Elektronen leichter als für die Ionen, den Polaritätswechseln der Beschleunigungsspannung zu folgen. Bei positiver Halbwelle kommen daher mehr Elektronen am Target an als Ionen während der negativen Halbwelle. Es entsteht ein Gleichspannungspotenzial, das den Ionenbeschuss der Kathode in Gang setzt. Mit Hilfe eines in Reihe geschalteten Stellkondensators (in der Matchbox), kann die Leistung der Quelle dem Plasma so angepasst werden, dass sich kein positiv geladenes Gegenfeld aufbaut. Es kommt zum dynamischen Gleichgewicht zwischen Elektronen- und Ionenstrom. Die Höhe der sich einstellenden Gleichspannung (Bias-Spannung genannt [29]) wird indirekt durch das Gleichgewicht dieser Ströme bestimmt. Das Gleichgewicht resultiert aus den kapazitiven Verhältnissen zwischen Elektrode und Reaktor - also letztlich aus der Geometrie der Anlage.

Magnetronsputtern

Die Beschichtungsrate ist (unter Anderem) proportional zur Rate der Ionen, die das Target treffen. Der Ionisationsgrad des Trägergases wiederum ist proportional zur Stoßwahrscheinlichkeit, die mit der Teilchendichte steigt. Die Abscheiderate kann durch Erhöhung der Teilchendichte gesteigert werden [30]. Diese Proportionalität ist durch die Thermalisierung der Partikel begrenzt und gilt nur für Plasmen mit geringer Partikeldichte. Um die Ionisationswahrscheinlichkeit bei gleichem Hintergrunddruck zu erhöhen, wird dem elektrischen Feld der Gasentladung ein magnetisches Feld überlagert. Es wird so angeordnet, dass sich der eine Pol in der Mitte der Kathode befindet und vom Gegenpol ringförmig umschlossen wird. Die resultierende Lorenzkraft zwingt die Elektronen und Gasionen auf eine Kreisbahn. Dadurch erhöht sich die Partikeldichte und infolge dessen die Ionisationswahrscheinlichkeit im entsprechenden Bereich um mehrere Größenordnungen. Dies ermöglicht, Material mit großer Oberflächenbindungsenergie (wie z.B. Al_2O_3) zu verarbeiten. Das Magnetfeld wird in den meisten Fällen durch einen Permanentmagneten unterhalb der Kathode erzeugt, wie in Abbildung 2.1.1 dargestellt.

Materialwahl

Da weder das Glassubstrat noch die Organik monokristalline Eigenschaften aufweisen, ist es nicht möglich, einen Einkristall darauf abzuscheiden. Daher beschränkt sich die Auswahl auf vollständig ungeordnete (amorphe) Schichten und solche mit lokaler, atomarer Ordnung. Die Korngröße der polykristallinen Schichten kann dabei variieren.

Überlappen die Orbitale benachbarter Atome, spalten sich (wegen des Pauliprinzips) energetisch identische Elektronenzustände in bindende und antibindende Zustände auf. Erzeugt die Vielzahl der aufgespalteten Niveaus ein Quasikontinuum, bezeichnet man das Material als leitfähig. Dringt ein Photon in einen solchen Festkörper ein, ist die mittlere Zeit bis zur Fundamentalabsorption vergleichsweise klein. Daher sind zwar viele Elemente und Verbindungen ausreichend leitfähig, besitzen aber gleichzeitig eine unerwünscht hohe Absorption.

Um eine transparente Schicht abzuscheiden ist, idealerweise ein Material nötig, das keine freien Zustände im Energiebereich der durch die organischen Moleküle emittierten Photonen besitzt. Da die mögliche Energie der Photonen im gesamten sichtbaren Spektralbereich liegen kann, erfordert dies eine Bandlücke. Das gesuchte Material ist ein Halbleiter. Für Transparenz im gesamten sichtbaren Spektralbereich darf die Fundamentalabsorption erst unterhalb von 380 nm beginnen, was einen Bandabstand von mindestens $\frac{h \cdot c}{\lambda} \leq 3,3\,eV$ verlangt. Eine Materialklasse mit polykristallinen Eigenschaften und entsprechend großer Bandlücke ist die der Metalloxide. Diese Materialklasse ist bereits seit den 1940er Jahren bekannt. Der Bandabstand der Metalloxide lässt sich nach [31] als Differenz der Elektronegativität von Sauerstoff und Metall abschätzen. Metalloxide werden in nahezu allen Bereichen eingesetzt, in denen transparente Deckkontakte benötigt werden, wie z.b. Solarzellen (ZnO, SnO_2:F, InO:SnO), Flachdisplays (InO:SnO) oder als Reflexionsschichten zur Wärmerückstrahlung auf Fensterscheiben (Al:ZnO). Neben Indium-, Zink- und Zinnoxid gibt es eine Vielzahl weiterer Vertreter dieser Klasse wie Cadmium- oder Galliumoxid. Die Vielfalt der Materialien erweitert sich noch durch verschiedenste loch- oder elektronenleitende Dotierstoffe, deren häufigster Vertreter das Aluminium ist.

AZO und ITO

ITO ist die am weitesten verbreitete Materialkombination in diesem Bereich. Es wird zumeist in einer Zusammensetzung von 90 % Massenanteil SnO_2 und 10 % In_2O_3 eingesetzt. In dieser Arbeit wird jedoch aluminiumdotiertes Zinkoxid verwendet. Die Suche nach einer Alternative zu Indiumverbindungen wurde durch die Marktsituation nötig: Indium ist eines der seltensten Elemente, während Zinkoxid rund 1300 mal häufiger vorkommt [32].

2.1.1 Einfluss der Prozessparameter

Der aus der Literatur bekannte Parameterraum für AZO-Schichten mit hoher Transparenz bei zugleich geringem Bahnwiderstand variiert stark. So benutzt Szyska ein Verhältnis von Argon zu Sauerstoff von 1:3 [33], während Minami und Ruske [27, 34] bis zu 3 % Wasserstoff hinzufügen und Prabakar sowie

Ting [35, 36] nur Argon als Prozessgas benutzen. Diese Variation setzt sich durch alle Prozessparameter fort, sei es beim Arbeitsdruck (0,1 µbar [37] bis 8 µbar [38]), bei der Prozessleistung (80 W DC [39] bis 200 W RF [35]) oder der Substrattemperatur (150 °C [40] bis 350 °C [41]). Die Schichteigenschaften sind bei AZO stärker von der Anlagencharakteristik abhängig als beispielsweise bei ITO; das Prozessfenster ist enger. Der Grund hierfür liegt im unterschiedlichen Ladungstransportverhalten beider Materialien, das im Folgenden beschrieben wird.

Ladungsträgertransport

Das Zinn (Ordnungszahl 50) ist das Schwermetallkation des ITO. Es liegt im Oxid zweifach gebunden vor. Die Valenzelektronen befinden sich in den 5s-Orbitalen. Deren Ausdehnung ist groß genug, um nicht nur mit den Sauerstofforbitalen, sondern auch mit den benachbarten Metallorbitalen zu überlappen. Ein direkter Ladungsträgertransport wird dadurch möglich [42, 43].

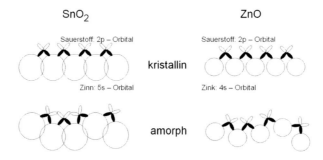

Abbildung 2.1.2: Schematische Orbitalgeometrie und deren Überlappung bei SnO_2 und ZnO für verschiedene Morphologien. Die Überlappung der 2p-Orbitale des Sauerstoffs ist stärker von der geometrischen Anordnung der Atome abhängig als die Überlappung der 5s-Orbitale des Zinns. Daher ist die elektrische Leitfähigkeit des ZnO wesentlich stärker von der Schichtmorphologie abhängig als die des SnO_2.

2.1.1 Einfluss der Prozessparameter

Das Valenzorbital des Zinks (Ordnungszahl 30) hingegen ist das 4s-Orbital. Der Abstand der Zinkatome im AZO ist größer als die Ausdehnung dieser Orbitale, es entsteht keine direkte Überlappung. Die Ladungsträger werden vom Metall zur Verfügung gestellt, der Transport erfolgt aber über die Valenzorbitale des Sauerstoffs. Im kristallinen Fall hat dieser Unterschied kaum einen Einfluss.

Im amorphen Fall, in dem keine strukturierte Anordnung der Atome vorliegt, führt die Kugelsymmetrie der s-Orbitale beim SnO_2 zu einer vergleichbaren Orbitalüberlappung, wie im kristallinen Zustand. Das Integral der Überlappung der keulenförmigen p-Orbitale des ZnO ist wesentlich stärker von geometrischen Faktoren [44], (z.B. Abstand und Winkel der Atome zueinander), abhängig (s. Abbildung 2.1.2). Dies erklärt den signifikanten Einfluss der Stöchiometrie auf alle Kenngrößen der ZnO-Schicht. Sie wird dominiert von der Korngröße der Kristalldomänen und deren Orientierung zueinander [45].

Morphologie in Abhängigkeit der Prozessparameter
Nach Darling [46] erfolgt das Schichtwachstum in drei Schritten. Der Übertrag der kinetischen Energie auf oberflächennahe Atome beim Auftreffen führt zu einer losen Bindung. Dem folgt eine thermisch induzierte lokale Oberflächendiffusion durch den Energieaustausch mit anderen Substratatomen. Liegt die Restenergie der zerstäubten Partikel mehrere Größenordnungen über der Oberflächenbindungsenergie der Schicht, ist Volumendiffusion möglich - es kommt zur Kristallisation. Die Diffusionslänge der Partikel auf der Oberfläche, also die maximale Bewegungslänge vor dem Erstarren, ist maßgebend für die Morphologie.

Mit steigender Diffusionslänge bildet sich vom vollständig amorphen Fall ausgehend, nach Salmag et al. [47] zunächst eine Nahordnung aus. Im weiteren Verlauf entsteht mittels Kristallisationskeimen eine erste Fernordnung. Das folgende Phasengemisch beinhaltet verschieden orientierte, aber kristallin geordnete Domänen neben weiterhin amorphen Bereichen. Erhöht sich die Diffusionslänge weiter, können sich einerseits die kristallinen Regionen vergrößern, andererseits kann sich eine Fernordnung ausbilden.

Dabei führt Holleck[48] die Oberflächendiffusionsgeschwindigkeit maßgeblich auf thermodynamische Ursachen zurück, während die Kinetik der Teilchen die Diffusionszeit beeinflusst. Das erklärt, weshalb die Schichtcharakteristik sich nicht mit der Sputterleistung (s. Abbildung 2.2.2 (a)), wohl aber mit der Geschwindigkeit, mit der das Substrat über die Kathode geführt wird (s. Abbildung 2.1.3 (b)). Denn während die Sputterleistung hauptsächlich die kinetische Energie der Partikel erhöht, beeinflusst die Verfahrgeschwindigkeit die Verweildauer des Bauteils über der Kathode - und damit die thermische Energieaufnahme des Substrats (s. Kapitel 2.2.2).

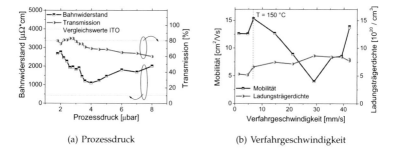

(a) Prozessdruck　　　　　(b) Verfahrgeschwindigkeit

Abbildung 2.1.3: Bahnwiderstand und Transmission der abgeschiedenen AZO-Schichten in Abhängigkeit verschiedener Prozessparameter. Der Verfahrensbereich, in dem hochleitfähige, transparente Schichten entstehen, ist bei AZO vergleichsweise schmal. Dies ist in der starken Abhängigkeit dieser Parameter von der Schichtmorphologie begründet.

Partikel, deren Energie der thermischen Energie bei Substrattemperatur entsprechen, werden „thermalisiert" genannt. Sie verfügen über keinen Energieüberschuss, erlauben keine Diffusion und bilden zumeist eine amorphe Schicht auf dem Substrat. Die Leitfähigkeit einer amorphen Schicht aus AZO ist nicht ausreichend, um als Elektrode einer OLED zu fungieren. Ein minimaler kinetischer Energieeintrag in die organischen Schichten ist daher bei der Verwendung von AZO als Deckkontakt nicht vermeidbar [49]. Die Substrattemperatur wird über die Amplitude des Verfahrwegs (die Spanne) und die Verfahrgeschwindigkeit

2.1.1 Einfluss der Prozessparameter

während der Oszillation variiert. Durch eine Veränderung dieser Parameter kann die Zeitspanne beeinflusst werden, die das Substrat direkt über der Kathode verbringt. Die Abhängigkeit der Schichteigenschaften von der Verfahrgeschwindigkeit ist in Abbildung 2.1.3 (b) für eine konstante Verfahramplitude von 100 mm und eine Schichtdicke von 200 nm dargestellt [50, 51, 52]. Das Verhalten wird im folgenden Unterkapitel detailliert untersucht. Die optimale Temperatur von 150 °C wurde über Vergleichsmessungen mit Schichten bestimmt, die bei Raumtemperatur abgeschieden und nachträglich thermisch behandelt wurden [53].

Die kinetische Restenergie der Partikel ist abhängig von den Stoßverlusten auf dem Weg von der Kathode zum Substrat. Diese vielschichtige, gegenseitige Beeinflussung verschiedener Parameter ist ein wesentlicher Grund für das schmale Prozessfenster, wie in Abbildung 2.1.3 (a) dargestellt wird. Die Schichtdicke beträgt dabei 200 nm. Das Beispiel zeigt die starke Abhängigkeit des Bahnwiderstandes vom Prozessdruck. Auf eine detaillierte Strukturanalyse der Schichten wird an dieser Stelle jedoch verzichtet. Die Maßnahmen, die zur Reduktion und Vermeidung negativer Einflüsse auf die darunter liegenden organischen Schichten ergriffen werden müssen, lassen alle morphologischen Optimierungen obsolet werden. So nehmen beispielsweise die Leitfähigkeit und die Transparenz der Schicht mit größerwerdender Diffusion zu. Andererseits kann die dabei ins Substrat eingetragene Energie die organischen Moleküle negativ beeinflussen. Eine detaillierte Untersuchung dieses Zusammenhangs erfolgt in Kapitel 2.2. Die Komplexität dieser Effekte wird durch die Dotierung von Aluminium weiter erhöht.

Singh et al. [54, 55] haben nachgewiesen, dass im Falle des AZO der Dotand (das Aluminium) die Position des Zinks im Kristall einnimmt. Ein ZnO-Kristall benötigt ein Schwermetallatom zu Sauerstoff im Verhältnis von 1:1. Wird mehr Sauerstoff injiziert, lagert sich dieser im Zwischengitter an [56]. Wegen des geringen atomaren Abstands ist die Wahrscheinlichkeit, damit eine Korngrenze zu erzeugen, höher als bei anderen TCOs. Das Aluminium liegt in der Kathode in Form von Al_2O_3 gebunden vor. Dadurch befindet sich bereits ohne zusätzliches

Prozessgas mehr Sauerstoff im Plasma, als für den Kristall nötig ist. Experimentell zeigte sich, dass jede zusätzlich zugeführte Sauerstoffmenge den Bahnwiderstand der Schicht um mehrere Größenordnungen anhebt. Ist der Hintergrunddruck größer als $5 \cdot 10^{-7}$ mbar, beeinflusst selbst der Restsauerstoffanteil innerhalb der evakuierten Kammer die Leitfähigkeit der Schicht messbar. Die Abhängigkeit von der Prozessgasatmosphäre ist in Abbildung 2.1.4 für beide Leistungsparameter (RF und DC) dargestellt.

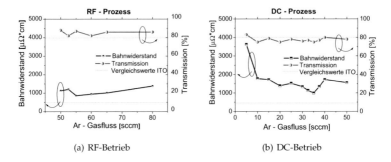

(a) RF-Betrieb
(b) DC-Betrieb

Abbildung 2.1.4: Die Qualität der abgeschiedenen Schichten ist vom Gasvolumen des Prozessgases abhängig, wobei der Prozessdruck konstant $4\,\mu$bar beträgt. Eine Abhängigkeit besteht auch von der Art des Plasmas, wobei diese im Falle eines DC-Plasmas stärker ausgeprägt ist.

Der Ordnungsgrad der Schicht ist maßgeblich von der Restenergie der auftreffenden Atome und der Substrattemperatur abhängig. Die Restenergie ist proportional zur kinetischen Energie der auftreffenden Partikel und maßgeblich für die Schädigungsprozesse an der darunter liegenden, organischen Schicht verantwortlich. Hierin besteht die wesentliche Herausforderung bei der Abscheidung von AZO auf organischem Material. Während beim Abscheiden von ITO die Restenergie der Partikel möglichst verkleinert werden muss, läuft dieses Bestreben im Sinne der AZO-Schichtqualität (namentlich einer hohen Transmission, aber vor allem eines niedrigen Schichtwiderstandes) konträr. Die starke Abhängigkeit der Schichteigenschaften des AZO von der kristallinen Struktur sind die Ursache, weshalb der $Al : ZnO$-Einkristall etwa die doppelte Leitfähigkeit des entsprechenden $In : SnO_2$-Pendants besitzt; während die Mischschichten aus amorphen

2.1.1 Einfluss der Prozessparameter

und mikrokristallinen Phasen zumeist nur noch einen geringeren Anteil dieser Eigenschaften aufweisen (siehe Tabelle 2.1; die Bezeichnung der Tabellenspalten befindet sich in Fußnote [1]).

Tabelle 2.1: Vergleich zwischen idealen und realen Schichteigenschaften

Größe		T	Φ	μ	ne 10^{21}	σ 10^3	Rb	Zitat-
Faktoren								stelle
Einheit		[%]	[eV]	$[\frac{cm^2}{Vs}]$	$[\frac{1}{cm^3}]$	$[\frac{S}{cm}]$	$[\mu\Omega \cdot cm]$	bzw. Probe
Einkristall	AZO			90	2	29	35	[57]
	ITO			42	1,9	13	77	[58]
verwendete	AZO	92	4,25	13,5	0,8	1,6	785	IB121208-1
Schicht	ITO	80	4,9	30	1	4,8	208	(Fa. Merck)

Als ITO-Schichtprobe wurde eine 120 nm dicke Schicht ITO auf Floatglas verwendet (Hersteller ist die Fa. Merck). Sie besteht zu etwa 80 % [59] aus einer amorphen Phase. Bei der angegebenen AZO-Schicht handelt es sich um den optimierten Prozess zur Abscheidung auf Glas bei Raumtemperatur (s. Tabelle 2.2, RF-Prozess bei Raumtemperatur).

Bahnwiderstand

Vergleicht man in Tabelle 2.1 den Leitwert der verwendeten AZO-Schicht ($\sigma = 1,6 \cdot 10^3 \frac{S}{cm}$) mit dem Kehrwert des zugehörigen Bahnwiderstandes ($\frac{1}{Rb_{\text{AZO-Schicht}}} = 1,3 \cdot 10^3 \frac{S}{cm}$), so ergibt sich eine Diskrepanz. Sie resultiert aus dem unterschiedlichen Verhalten der verwendeten Messverfahren auf die Grenzflächenwiderstände an den Korngrenzen. Der Bahnwiderstand wurde durch Vierpunktmessung bestimmt. Der DC-Messstrom musste dabei alle Korngrenzflächen zwi-

---

[1] T = Transparenz; bestimmt mit Spektrometer: Modell: Lambda 9, Hersteller: Perkin Elmer
Φ = Austrittsarbeit, bestimmt über Kelvin-Probe Messungen
μ = Ladungsträgerbeweglichkeit, bestimmt über Hallmessung
ne = Ladungsträgerdichte, bestimmt über Hallmessung
σ = Leitwert, errechnet aus μ und ne nach $\sigma = \mu \cdot ne \cdot e$ [60]
Rs = Schichtwiderstand, bestimmt über 4-Punktmessung an SMU 2400 von Keithley
und $Rs = U/I \cdot \pi/ln(2)$
Rb = Bahnwiderstand, bestimmt über $Rb = Rs \cdot d$
d = Schichtdicke, Messwert hier: 100 nm, bestimmt über Ellipsometrie: Sopra GES 5

schen den Messpunkten überwinden (s. Abbildung 2.1.5 (a)). Nanto et al. [61] entwickeln hierfür ein Gedankenmodell, in dem sehr viele gleiche Widerstände zu einem Netzwerk parallel geschaltet werden. Dabei symbolisieren die einzelnen Widerstände die Grenzflächen. Der Leitwert hingegen wurde durch Hall-Messung von μ und ne ermittelt ($\sigma = \mu \cdot ne \cdot e$ [60]). Dessen AC-Strom oszilliert nur über wenige Korngrenzen hinweg. Das Verhältnis der Widerstände aus AC- und DC-Messung ist somit proportional zur Korngröße [62]. Bei konstanter Frequenz lassen sich durch Bildung des Widerstandsverhältnisses R_{AC}/R_{DC} die Domänengrößen auf verschiedenen Substraten miteinander vergleichen.

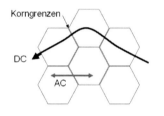
(a) Schematische Strompfade

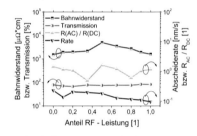
(b) Einfluss von RF- und DC-Leistung

Abbildung 2.1.5: Während bei einer DC-Messung der Strom alle Korngrenzen zwischen den Messpunkten überwinden muss, oszilliert der Strom einer AC-Messung nur über wenige Korngrenzen hinweg. Das Verhältnis von AC- zu DC-Widerstand ist somit abhängig von der Korngröße in der gemessenen Schicht. Die vorherrschende Morphologie der abgeschiedenen Schicht ist dabei abhängig von der Art des jeweiligen Plasmas.

Aus der Abhängigkeit des Bahnwiderstands von der Domänengröße lässt sich dessen Anstieg bei der Abscheidung von Mischprozessen erklären, deren Plasma von einer Überlagerung von DC- und RF-Leistung gespeist wird. In Abbildung 2.1.5 (b) wird dargestellt, dass sich der Bahnwiderstand für solche Mischprozesse mehr als versechsfacht. (Da die Transmission dabei konstant bleibt, ist nicht von einer vermehrten Einlagerung von Sauerstoff durch die erhöhte Biasspannung des Mischprozesses als Ursache auszugehen.)

2.1.1 Einfluss der Prozessparameter

Das Verhältnis von Hall- zu Vierpunktwiderstand zeigt ein lokales Minimum bei 40%igem und 80%igem RF-Anteil. Mergel [63] weist für einen RF-Anteil von 0% eine Stöchiometrie großer Körner und fehlender Fernordnung nach. Für 100% RF-Anteil hingegen beschreiben Nanto et al. [61] einen metallischen Schichtcharakter an, in dem kleine Korngrößen von einer ausgeprägten Fernordnung dominiert werden. Für den Mischfall wird daher vermutet, dass für größer werdende RF-Anteile zunächst der Einfluss der dominierenden Morphologie abnimmt (die Körner werden kleiner), bis ein völlig ungeordnetes, nahezu amorphes System vorliegt.

Im Fall von reinem DC-Betrieb ist die Beschleunigungsspannung in Richtung der Kathode zeitlich konstant. Mit größer werdendem RF-Anteil sinkt diese während der negativen Halbwelle ab. Betrachtet über einen Zeitraum mehrerer Halbwellen, verkürzt sich dadurch die Zeit der Beschleunigung gegenüber einer DC-Abscheidung, was zu einer sinkenden Abscheiderate führt [51]. Das Oberflächenprofil der Proben lässt eine eindeutige Zuordnung jedoch nicht zu.

Geringe Korngrößen bei hoher Fernordnung haben zur Folge, dass sich die Partikel an vielen Stellen berühren [61]. Dadurch werden die Schichten dichter und die Transmission verringert sich. Auch der DC-Widerstand wird kleiner, da zwar mehr Grenzflächenbarrieren pro Messdistanz überwunden werden müssen, dieser Effekt aber von der Zunahme der möglichen Transportpfade überkompensiert wird. Für die Bildung einer solchen Morphologie sind nur kurze Diffusionswege nötig, was geringere Substrattemperaturen und Leistungsdichten bei den Abscheideprozessen erlaubt. Es lässt sich experimentell bestätigen, dass RF-Prozesse zu geringerer thermischer Belastung des Substrats führen (s. Abbildung 2.2.4) bei zugleich besserer Leitfähigkeit der resultierenden Schichten (s. Tabelle 2.2).

Die postulierte Proportionalität von Bahnwiderstand und Schichtwiderstand über die Schichtdicke ist nur im Volumenkörper gültig. Für dünne Schichten gibt es eine Untergrenze dieses Verhaltens. Sie ist abhängig vom Wachstumsverhalten der Schicht (z.B. Inselwachstum, Aggregation oder planares Wachstum) und den Eigenschaften des Materials (dessen Korngröße, Volumenleitwert, Grenzwiderständen, etc.). Für Silber beispielsweise liegt diese Grenze bei 15 ... 20 nm [24], während sie für ITO rund 110 nm [11] beträgt. Für das in dieser Arbeit verwendete AZO liegt sie bei etwa 200 nm (s. Abbildung 2.1.6 (a)). Diese experimentell ermittelte Schichtdickengrenze für den Übergang vom Verhalten dünner Schichten zu dem eines Volumenkörpers stimmt mit den Werten aus der Literatur [28] überein und wird als Mindestschichtdicke für die Prozessentwicklung festgesetzt.

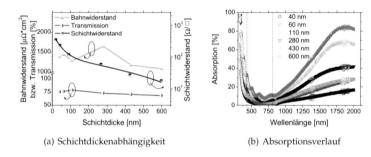

(a) Schichtdickenabhängigkeit (b) Absorptionsverlauf

Abbildung 2.1.6: Einfluss der AZO-Schichtdicke auf die Transmission und den Bahnwiderstand der Schicht. Während sich die Absorption der Schichten im sichtbaren Spektralbereich mit wachsender Schichtdicke kaum verändert, verfügt die AZO-Schicht erst ab etwa 200 nm über die elektrischen Leiteigenschaften eines Festkörpers.

Für die Herstellung von AZO-Schichten bedeutet dies eine Verdoppelung der Prozesszeit oder der Abscheidungsrate im Vergleich zur Abscheidung von ITO, um eine Schicht mit den Eigenschaften eines Volumenkörpers zu erhalten. Im Falle einer Abscheidung auf organischem Material bedeutet eine Ratenerhöhung eine höhere Energiedichte auf dem Substrat oder durch die Verlängerung des Prozesses eine höhere UV-Belastung [64]. Die Transmission der Schichten ist im Vergleich zu ITO sehr hoch (s. Abbildung 2.1.6 (b)). Sie betrug für eine 600 nm dicke Schicht im gesamten Spektralbereich etwa 80 % inklusive Glasträger und AZO-Bodenkontakt. Die periodischen Schwankungen im Absorptionsverlauf

2.1.1 Einfluss der Prozessparameter

(A) sind auf Interferenzeffekte bei der Messung zurückzuführen. (Gemessen wurden Reflexion (R) und Transmission (T) mit $1 = A + R + T$, wobei die Reflexion mit Ausnahme der Interferenzeffekte im gesamten Messbereich (5 ± 3 %) betrug.)

Der schichtdickenabhängige Abfall der Transmission im Infrarotbereich bezeichnet die Plasmakante. Ihre Position und ihre Ausprägung korrelieren mit der Anzahl der Ladungsträger, die durch Absorption der entsprechenden Photonen angeregt werden können. Sie ist ein Maß für den metallischen Charakter der Schicht bzw. für deren Leitfähigkeit. Da es sich bei TCOs um nahezu amorphe Systeme handelt, lässt sich für deren Plasmakante lediglich ein Bereich von $1050\ldots1500\,nm$ angeben [35, 65].

Tabelle 2.2: Evaluierte Prozessparameter

Größe	Einheit	Raumtemperatur		$\sim 150\,°C$
		DC	RF	RF
Schichtdicke	[nm]	200	200	200
Leistung	[W]	435	100	300
Hintergrunddruck	[mbar]	$< 3\cdot 10^{-7}$	$< 3\cdot 10^{-7}$	$< 3\cdot 10^{-7}$
Prozessdruck	[μbar]	4	4	4
Argonfluss	[sccm]	35	57,5	57,5
Sauerstoffanteil	[%]	0	0	0
Osz. Spanne	[mm]	300	300	100
Osz. Geschw.	[mm/s]	42	42	7,5
Anzahl Osz.	[1]	41	501	65
Beweglichkeit	[$\frac{cm^2}{Vs}$]	11,5	13,5	17
Ladungsträgerdichte	[$\frac{1}{cm^3}$]	$0,6\cdot 10^{21}$	$0,8\cdot 10^{21}$	$1,7\cdot 10^{21}$
Leitfähigkeit (hall)	[$\frac{1}{\Omega\cdot cm}$]	1193	1604	4716
Bahnwiderstand (4pkt)	[$\mu\Omega\cdot cm$]	1086	785	373
Transmission	[%]	81	95	92

Die Eigenschaften der Schichten und die Parameter der optimierten Abscheideprozesse sind unter Tabelle 2.2 aufgeführt. Die Anzahl der Oszillationen (Osz.) errechnet sich aus der Abscheiderate und der gewünschten Schichtdicke. Sie ist abhängig von der Verfahrgeschwindigkeit (Osz. Geschw.) und der Amplitude des Verfahrwegs während der Oszillation (Osz. Spanne). Unveränderbare Parameter sind der Substratabstand zur Kathode (9,5 cm) und die Größe der Kathode ($18 \cdot 7,5\,cm^2$). Das Plasma ist zudem durch die Anordnung der Magnete auf eine nicht beeinflussbare Kreisbahn begrenzt. Die verwendete Kathode besitzt ein Konzentrationsverhältnis von 2 % Al_2O_3 zu 98 % ZnO [67, 68]. Die Eigenschaften der resultierenden Schichten korrelieren gut mit den aus der Literatur bekannten Optimalwerten für AZO-Schichten [17, 28, 69].

2.2 Prozessbedingte Schädigung

Scheidet man einen transparenten Deckkontakt durch Kathodenzerstäubung auf einer OLED ab, ergeben sich zwei wesentliche Veränderungen in der Bauteilcharakteristik (s. Abbildung 2.2.1)[2]; einerseits können die Leckströme um mehrere Potenzen ansteigen (1), andererseits kann sich die Einsatzspannung des Bauteils wesentlich erhöhen (2).

Im Folgenden werden die Schädigungsmechanismen, die zu diesen Veränderungen führen, analysiert und den jeweils verantwortlichen Prozessbedingungen zugeordnet. Wie im vorangegangenen Abschnitt gezeigt, hat die Prozessführung einen starken Einfluss auf die Schichtcharakteristik. Das Ziel ist es daher, den Prozess soweit anzupassen, dass die prozessbedingte Degradation minimiert wird.

---

[2] Das in Abbildung 2.2.1 dargestellte Bauteil ist invertiert aufgebaut. Dabei handelt es sich um eine OLED, deren Schichtfolge umgekehrt wurde [11]. Der Bodenkontakt wird als Kathode, der Deckkontakt als Anode verwendet. Diese Konfiguration erlaubt das Abscheiden einer vergleichsweise harten, anorganischen Schicht z.B. aus MoO_3 oder WO_3 direkt unterhalb der Anode ohne Effizienzverluste im Bauteil [24]. Die Vorteile der Verwendung dieser Schicht und des invertierten Aufbaus werden in Kapitel 2.3 vorgestellt.

2.2.1 Partikelbombardement

Dabei soll die abgeschiedene Schicht aber nach wie vor eine ausreichende optische Transmission und elektrische Leitfähigkeit besitzen, um ein transparentes, organisches Bauteil betreiben zu können.

Allgemein lassen sich bei der Dünnfilmabscheidung durch Kathodenzerstäubung auf Schichten organischen Materials drei prozessbedingte Schädigungseffekte unterscheiden:

- Partikelbombardement

- thermisch induzierte Schädigung

- UV-Belastung

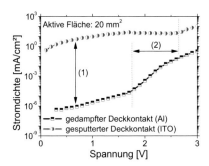

Abbildung 2.2.1: Veränderung der Spannungscharakteristik einer OLED durch den Kathodenzerstäubungsprozess.

2.2.1 Partikelbombardement

Trifft ein Teilchen aus dem Plasma auf das Substrat, übt dieses lokal eine Kraft aus. Je nach Masse und Geschwindigkeit des Teilchens und mechanischem Widerstand (Härte) der Schicht, dringt das Teilchen in die Oberfläche ein, bis die gesamte kinetische Energie absorbiert wurde. Die Härte einer dünnen Schicht ist abhängig vom atomaren (bzw. molekularen) Gefüge und den lokalen Bindungskräften zwischen den Molekülen. Diese sind bei amorphen Schichten sehr gering. Die Masse der zerstäubten Partikel und die Härte der organischen Schicht sind von der Prozessführung der Kathodenzerstäubung unabhängig. Ihre Geschwindigkeit hingegen variiert und liegt in der Größenordnung von $10^{3\pm1}\,m/s$ [70]. Die kinetische Energie ist bei der Kathodenzerstäubung mit einem Mittelwert von $4\,eV$ nicht nur größer als beim thermischen Verdampfen (0,2 eV), die Teilchenenergie variiert auch über ein wesentlich breiteres Energiespektrum (von 0,2-40 eV pro Teilchen). Sie kann über die Aufweitung der Spektrallinien im Plasma bestimmt werden, welche durch die Dopplerverschiebung sich in beliebige Richtungen bewegender Teilchen entsteht [71].

Diese Teilchen erzeugen beim Auftreffen auf die organische Schicht einen Einschlagkrater, dessen Tiefe in Abhängigkeit von der kinetischen Energie der Teilchen und dem mechanischen Widerstand der Schicht variiert. Die Leitfähigkeit der Organik ist um mehrere Größenordnungen kleiner als die der gesputterten Schicht. Die Kathodenzerstäubung führt daher zu einer inhomogenen Schichtdicke der organischen Halbleiterschichten in Abhängigkeit der Eindringtiefe der gesputterten Teilchen. Wegen der guten Leitfähigkeit der kathodenzerstäubten Teilchen befindet sich die gesamte Grenzfläche zwischen gesputterter Elektrode und organischen Halbleiterschichten auf demselben elektrischen Potenzial. Infolgedessen kommt es zu inhomogener Strombelastung der aktiven Schichten. Diese ist dort am größten, wo die gesputterten Teilchen am tiefsten in die Organik eingedrungen sind. Die Leckströme sind in Abbildung 2.2.1 mit (1) bezeichnet. Die Folgen für das Bauteil werden in Kapitel 3.1 behandelt. Ist der Energieüberschuss der Teilchen groß genug, können diese bis zur Bodenelektrode durchschlagen. Der entstehende Kurzschluss führt zum Ausfall des gesamten Bauteils.

Bei den Teilchen, die auf das Substrat treffen, handelt es sich um die von der Kathode abgetragenen, elektrisch neutralen Teilchen [72]. Außerdem können Sekundärelektronen aus dem Target oder andere, negativ geladene Teilchen, durch das elektrische Feld in Richtung auf das Substrat beschleunigt werden. Dies sind hauptsächlich ionisierter Sauerstoff und Stickstoff, da deren Ionisationsenergien ersten Grades geringer sind als die für den Prozess nötige Ionisation des Argons (O_2: 13,61 eV, N_2: 14,54 eV, Ar: 15,76 eV nach [73]). Sie stammen aus dem zugeführten Prozessgas oder der Hintergrundatmosphäre der Kammer.

Um die Partikel mit möglichst geringer Restenergie auf das Substrat treffen zu lassen, kann man einerseits die Initialenergie soweit wie möglich reduzieren, andererseits lassen sich die Energieverluste vergrößern, welche das Teilchen auf dem Weg von der Kathode zum Substrat erfährt.

2.2.1 Partikelbombardement

Initialenergie

Da die Oberflächenbindungsenergie der Atome auf der Kathode größer ist als die Ionisierungsenergie der Argonionen, müssen die Argonionen beschleunigt werden, um Atome aus der Kathode zu lösen. Die zum Auslösen eines Atoms nötige Energie kann von mehreren Argonionen kumulativ oder von einem Argonion mit ausreichender kinetischer Energie aufgebracht werden. Die Mindestenergie, die ein Argonion aufbringen muss, um (alleine) ein Atom aus der Kathode zu lösen, bestimmen Stuart et al. [64] auf 50 eV (DC) bzw. 25 eV (RF) pro Argonion. Sie berechnen daraus eine minimale Anregungsdichte des Plasmas von etwa 1000 Argonatomen pro Ion. Darunter ist das Plasma instabil und beginnt zu flackern, die Abscheidung kommt zum Erliegen.

Holleck [48] wies nach, dass der Energieübertragungskoeffizient der Plasmateilchen auf die Oberflächenpartikel der Kathode für viele verschiedene Materialien etwa konstant 25 % beträgt. Damit ergibt sich, dass die kinetische Energie eines Argonions erst ab 200 eV (DC) bzw. 100 eV (RF) [53] groß genug ist, ein Teilchen aus der Kathode herauszulösen. Ist die Energie kleiner, muss die kinetische Energie sequentiell durch mehrere Argonionen aufgebracht werden. Hieraus resultiert die signifikante Abnahme der Beschichtungsrate für Prozessleistungen kleiner 100 W (DC), die in Abbildung 2.2.2 (a) dargestellt ist.

Wie aus Abbildung 2.2.2 (a) ebenfalls hervorgeht, variieren die optische Transmission und der Bahnwiderstand kaum mit der Leistung des Plasmas, während die Beschichtungsrate proportional mit der Leistung des Plasmas steigt. Das deutet darauf hin, dass nicht die kinetische Energie der einzelnen Teilchen steigt, sondern die Ionisierungsrate des Plasmas. In diesem Zusammenhang ist der Bahnwiderstand maßgeblich von der Diffusionsfähigkeit der Teilchen auf der Substratoberfläche abhängig - und diese wiederum von der kinetischen Energie der Teilchen (siehe Abbildung 2.1.3 (b)). Würde die kinetische Energie der zerstäubten Teilchen zunehmen, müssten Schichten mit höherer Leitfähigkeit entstehen.

Wie in Abbildung 2.2.2 (a) deutlich wird, ist dies jedoch nicht der Fall. Es wird daher vermutet, dass nicht die kinetische Energie der einzelnen Teilchen, sondern die Anzahl derselben mit der Leistung steigt. Dies ist auch eine mögliche Erklärung für den dargestellten proportionalen Anstieg der Abscheiderate (der Anzahl der von der Kathode emittierten Partikel pro Zeit und Fläche) mit der Prozessleistung.

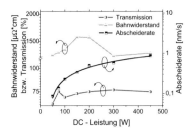 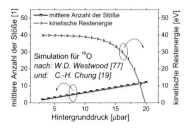

(a) Ratenabhängigkeit von der DC-Leistung (b) Simulation der kinetischen Energie

Abbildung 2.2.2: Mit steigender Prozessleistung nimmt die Ionisierungsrate des Plasmas zu, während die kinetische Energie der einzelnen Partikel sich kaum ändert. Diese Energie kann durch Stoßprozesse abgebaut werden. Die Restenergie der zerstäubten Teilchen nimmt mit der Anzahl der Stöße ab, welche vom Hintergrunddruck abhängig ist.

Erhöht man die dem Plasma zugeführte Leistungsdichte P/A, kann sich einerseits das elektrische Feld $E = U/A$, andererseits die Stromdichte $J = I/A$ im Plasma erhöhen ($\frac{P}{A} = E \cdot J$). Eine höhere Stromdichte bedeutet mehr Ladungsträger und folglich mehr Ionen. Sie ist proportional zum Ionisationsgrad des Plasmas. Eine Erhöhung der angelegten Spannung führt zu einem stärkeren elektrischen Feld und damit zu größerer Beschleunigung der Ionen in Richtung der Kathode [75]. Es stellt sich ein Gleichgewichtszustand zwischen Ionen- und Elektronenstrom im Plasma ein, dessen elektrische Feldstärke Biasspannung genannt wird. Die verwendete Anlage sieht eine gezielte Beeinflussung der Biasspannung U oder des Stroms I, z.B. durch Anlegen eines Gegenfelds, jedoch nicht vor. Daher kann die Abhängigkeit der Ionisierungsrate vom Strom und der Biasspannung nicht experimentell nachgewiesen werden.

2.2.1 Partikelbombardement

Hintergrunddruck
Die kinetische Energie der emittierten Teilchen kann bis zu 40 eV [70] betragen. Die kinetische Energie lässt sich durch Stoßprozesse abbauen, die dem Teilchen auf dem Weg durch das Plasma widerfahren können [76]. Besitzt das Teilchen beim Auftreffen auf das Substrat keinen Energieüberschuss mehr, wird es „thermalisiert" genannt. Seine Energie entspricht dann der inneren Energie bei der vorherrschenden Umgebungstemperatur ($E_{th} = kB \cdot T$). Nach Chung und Lee [19] ist die Anzahl der Stöße η, die zur Thermalisierung der kinetischen Energie der Teilchen nötig ist, abhängig vom mittleren Enegieverlust pro Stoß R und der Initial- bzw. Substratenergie. Es gilt: $\eta = \frac{ln(E_s/E_i)}{ln(R)}$

Dabei ist E_i die maximale Initialenergie der Teilchen ($E_i = 40\,eV$) und E_s die innere Energie des Substrats ($E_s = E_{th} = kB \cdot T$). Die Energieverluste pro Stoß werden von Chung et al. [19] mit $R = 0,54$ angegeben. Damit ergibt sich für die höchst energetischen Teilchen eine Maximalabschätzung von 12 Stößen zur Thermalisierung. Fliegt ein Teilchen mit maximaler kinetischer Energie auf direktem Weg von der Kathode zum Substrat, ergibt sich daraus, dass auch Teilchen mit $Ei = 40\,eV$ thermalisiert werden, wenn ihre mittlere freie Weglänge zwischen den Stößen maximal 8 mm beträgt ($\frac{Abstand}{\sum Stöße} = \frac{95\,mm}{12}$). Die mittlere freie Weglänge wird größer, wenn man berücksichtigt, dass die Flugbahn der Teilchen durch die Stöße abgelenkt und damit verlängert wird. Die minimale Flugbahn eines Partikels wird somit größer sein als der Abstand zwischen Kathode und Substrat (95 mm). Für die angestrebte Abschätzung wird eine Verlängerung des Wegs durch die Stöße jedoch vernachlässigt.

Die freie Weglänge ist umgekehrt proportional zur Teilchendichte n und der Partikelgröße. Die ZnO-Moleküle werden beinahe vollständig in Zn^+ und O^--Ionen zerlegt, bevor sie aus dem Target austreten [38]. Das Plasma enthält demnach Teilchen mit einer Massenzahl zwischen 16 und 60. Für diesen Bereich hat Westwood [77] (Abbildung 1) die mittlere freie Weglänge in Abhängigkeit des Prozessdrucks ermittelt. Sie variiert zwischen 2,3 cm für Sauerstoffionen bei 5 μbar und 0,23 cm für Zinkionen bei etwa 30 μbar. Daraus ergibt sich eine vollständige Thermalisierung aller zu erwartenden Teilchen für einen

Hintergrunddruck von etwa 20 μbar, wie in Abbildung 2.2.2 (b) anhand einer Simulation dargestellt wird.

Ab diesem Druck sind keine Leckstrompfade durch die OLED mehr zu erwarten, die durch hochenergetischen Partikelbeschuss während des Zerstäubungsprozesses verursacht werden. Das Ergebnis konnte experimentell verifiziert werden, (siehe Abbildung 2.2.3 (a)). Für diesen Versuch wurde ein organisches Lochtransportmaterial auf einer aktiven Fläche von 80 mm^2 mit AZO beschichtet. Gezeigt sind die mit steigendem Hintergrunddruck kleiner werdenden Leckströme. Sie lassen auf eine geringere Volumenschädigung, also Eindringen zerstäubter Partikel in die organische Schicht, schließen. Die Einsatzspannung bleibt nahezu unverändert.

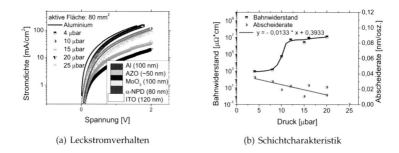

(a) Leckstromverhalten (b) Schichtcharakteristik

Abbildung 2.2.3: Ein erhöhter Hintergrunddruck führt zu mehr Stößen zwischen den Teilchen, weshalb ihre kinetische Restenergie sinkt. Die geringere Oberflächendiffusion erschwert die Ausbildung leitfähiger Strukturen; der Bahnwiderstand steigt. Die geringere Restenergie führt aber auch zu einer kleineren Eindringtiefe in die organischen Schichten.

Die Schichtdicke der abgeschiedenen Schicht aus AZO liegt bei etwa 50 nm. Sie schwankt jedoch, da Leistung und Zeit konstant gehalten wurden, um prozessbedingte Einflüsse nicht zu verändern. Nach der Kathodenzerstäubung wurden alle Bauteile nachträglich mit einer Aluminiumelektrode versehen. Sie dient dem lateralen Stromtransport und der Kontaktierung der Bauteile. Der Stromtrans-

2.2.1 Partikelbombardement

port durch die AZO-Schicht ist nur in vertikaler Richtung zu erwarten. Daher kann davon ausgegangen werden, dass die verschiedenen Leckströme auf eine Volumenschädigung durch den Sputterprozess zurückzuführen sind.

Der Unterschied zur Referenz aus Aluminium ist auf die verschiedenen Injektionsbarrieren zwischen Aluminium und AZO gegenüber dem darunterliegenden MoO_3 zurückzuführen. Die Austrittsarbeit beträgt für das Aluminium 4,7 eV), für das AZO $\sim$ 4,3 eV [78] und für das MoO_3 ($\sim$ 6,3 eV [79]). Die verwendeten Prozessparameter zur Herstellung des AZO entsprechen dem optimalen Beschichtungsprozess nach Abbildung 2.3.3.

Eine Erhöhung des Prozessdrucks führt zu einer steigenden Teilchendichte und damit zu einer steigenden Ionendichte. Da die Ionisierungsrate des Plasmas aber hauptsächlich von der Prozessleistung (siehe Abbildung 2.2.2 (a)) und nicht vom Druck abhängig ist, steigt die elektrische Stromdichte. Bei konstanter Leistung hat dies ein Absinken der Biasspannung und damit eine Reduktion der kinetischen Energie der Argonionen zur Folge. Die Energie, die von den Argonionen an die Kathodenoberfläche abgegeben werden kann, sinkt. Die Abscheiderate ist für kleine Leistungen proportional zur kinetischen Energie der einzelnen Argonionen und sinkt ebenfalls (s. S. 30).
Wie Abbildung 2.2.3 (b) zeigt, führt eine Druckerhöhung nicht nur zu mehr Stößen zwischen Kathode und Substrat, sondern führt auch zu einer Reduktion der Abscheiderate. Für einen Hintergrunddruck von 25 μbar konnte keine Rate mehr detektiert werden. Die Schichtdicke der Probe mit 25 μbar Prozessdruck (Abbildung 2.2.3 (a)) war nicht messbar, das Injektionsverhalten gleicht sich wieder dem des Aluminiums an.

Die Abscheidung einer Schicht aus vollständig thermalisierten Teilchen ist jedoch nicht wünschenswert. Denn sowohl der Leitwert als auch die Transmission der Schichten sinken rapide mit einer Verringerung der Diffusions- und Orientierungsmöglichkeit der zerstäubten Partikel (siehe Abbildung 2.2.3 (b)). Die mechanische Stabilität der Organikschichten ist zu gering, um für die auftreffenden Partikel einen Widerstand darzustellen, die beim Sputtern einer hochleitfähigen Kontaktschicht auf die Halbleiterschichten treffen. Der hier untersuchte Prozess bei hohen Druckverhältnissen kann jedoch als mechanische Schutzschicht vor der Abscheidung des eigentlichen Deckkontakts genutzt werden.

Zusamenfassung der Partikelschädigung

Auf Grund der oben erläuterten Betrachtungen können folgende Zusammenhänge für die Entwicklung eines schonenden Kathodenzerstäubungsprozesses festgehalten werden:

- Das Teilchenbombardement kann durch unterschiedliche Eindringtiefen inhomogene elektrische Felder im Bauteil erzeugen. Ein Maß für die resultierende Volumenschädigung ist die Höhe der Leckströme.

- Die Initialenergie der Argonionen (und infolge dessen die maximale kinetische Energie der Partikel beim Auftreffen auf das Bauteil) ist beim DC-Prozess etwa doppelt so groß wie beim RF-Prozess [51]. In beiden Fällen gibt es eine Mindestleistung, ab der die Ionen auch kumulativ nicht mehr genug Energie ins Target übertragen, um eine messbare Abscheidung zu erzielen.

- Negative Ionen werden in Richtung des Substrats beschleunigt. Ihre kinetische Energie ($1 \cdots 10\,eV$) liegt im Bereich der chemischen Bindungsenergie der organischen Halbleitermoleküle [80]. Auf einen Anteil von Sauerstoff im Prozessgas sollte daher verzichtet werden.

- Während der Ionisierungsgrad des Plasmas hauptsächlich von der Stromdichte abhängt, hat die Biasspannung wesentlichen Einfluss auf die kinetische Energie der Primärionen. Sie ist in der verwendeten Anlage nicht direkt beeinflussbar.

- Durch Erhöhung des Hintergrunddrucks lassen sich die Partikel beinahe vollständig thermalisieren. Auf Grund der so unterbundenen Diffusion auf dem Substrat werden dabei amorphe Schichten mit entsprechend geringer Leitfähigkeit abgeschieden. Außerdem reduziert sich die Abscheiderate, da auch die Primärionen abgebremst werden.

Alle Punkte konnten experimentell bestätigt werden. Der entwickelte, rückwirkungsfreie Abscheideprozess wird im Folgenden als Basis für eine mehrstufige und eine graduelle Deckelektrode verwendet (s. Kapitel 2.3).

2.2.2 Thermische Schädigung

Der Einfluss thermischer Energie auf ein organisches Bauteil wird in Kapitel 3 behandelt. Daher fokusiert sich dieser Abschnitt auf die Temperaturentwicklung in Abhängigkeit der Prozessparameter. Das Ziel ist, einen Parameterraum für die Prozessführung zu finden, in dem keine Beeinträchtigung der organischen Schichten durch die Temperaturentwicklung des Kathodenzerstäubungsprozesses zu erwarten ist [81].

Hierfür wird die Temperatur in der Kammer bei verschiedenen Abständen vom Target gemessen. Als Messfühler dienten Thermoelemente mit einer thermisch aktiven Oberfläche von etwa 20 mm^2. Der erste Messpunkt befand sich innerhalb des Plasmas, der zweite unterhalb und der dritte oberhalb des Substrats. Abbildung 2.2.4 (a) zeigt den gemessenen Temperaturverlauf in Abhängigkeit der Prozessleistung. Die Temperatur zwischen den Messpunkten wurde mit einer quadratischen Funktion interpoliert. (Da die Emission der Kathode ungerichtet ist, wurde von einer Überlagerung vieler Punktquellen ausgegangen, deren Emissionsverteilung der gesamten Hemisphäre entspricht ($A = 1/2 \cdot 4\pi \cdot r^2$). Daraus folgt eine Proportionalität zwischen der Temperatur und der übertragenen Energie und damit der Anzahl der Teilchen pro betrachteter Fläche ($T \sim \frac{\Sigma \text{Teilchen}}{A} \rightarrow T \sim \frac{1}{r^2}$)).

Die Temperatur im Bereich des Plasmas ist beim DC-Prozess signifikant höher, fällt jedoch in Richtung Substrat auch schneller ab. Dieser Effekt korreliert mit der beobachteten Ausdehnung des Plasmas. Das konstante elektrische Feld führt zu einer gerichteten Partikelbewegung und zu kleinerer räumlicher Ausdehnung. Es befinden sich weniger angeregte Partikel in Substratnähe.
Da die Kathode durch aktive Kühlung auf konstanter Temperatur ($\sim 15\,°C$) ge-

halten wird, kann der Einfluss der Wärmestrahlung vernachlässigt werden. Die Erwärmung des Substrats erfolgt durch Konvektion übertragener Partikel. Daher wird von analoger Erwärmung der Messfühler und des Substrats ausgegangen. Für die Höhe des Substrats über der Kathode (Abbildung 2.2.4 (b)) ergibt sich, dass für einen DC-Prozess gegenüber einem RF-Prozess gleicher Leistung nur etwa 80 % der thermisch induzierten Energie zu erwarten ist.

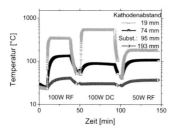 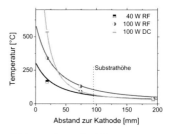

(a) Temperaturentwicklung im Prozess (b) Interpolation der Substrattemperatur

Abbildung 2.2.4: Durch Konvektion der zerstäubten Teilchen wird die Temperatur des Substrats erhöht. Dabei führt die gerichtete Partikelbewegung eines DC-Plasmas zu einer höheren Partikeldichte über der Kathode. Im Abstand des Substrats ist die Partikeldichte jedoch kleiner, weshalb auch der Temperaturanstieg geringer ausfällt.

Da sich das Substrat linear durch die Beschichtungszone oberhalb der Kathode bewegt (s. Abbildung 2.1.1), müssen diese Werte mit einem orts- und zeitaufgelösten Beschichtungsfaktor multipliziert werden. Die Ortsauflösung (Abbildung 2.2.5 (a)) resultiert aus der Tatsache, dass das Substrat pro Oszillation verschieden weit aus dem heißesten Bereich mit der höchsten Abscheiderate senkrecht über der Kathode herausgefahren wird. Der maximale laterale Abstand des Substratzentrums vom Kathodenzentrum wird hier als Spanne bezeichnet. Die Zeitabhängigkeit folgt aus der unterschiedlichen Anzahl an Oszillationen, die für verschiedene Spannen zur gleichen Schichtdicke führen.

2.2.2 Thermische Schädigung

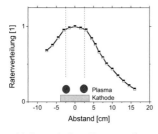
(a) Ortsaufgelöste Ratenverteilung

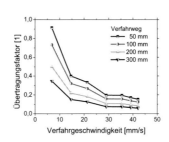
(b) Energieübertragungsfaktor

Abbildung 2.2.5: Die durch Konvektion verursachte Erwärmung des Substrats ist von der zeitlichen Verteilung der Energiezufuhr abhängig. Eine kurze, intensive Beschichtung erzeugt eine höhere Maximaltemperatur. Die Beschichtungsdauer wird in Oszillationen gemessen und ist somit abhängig von der Verfahrgeschwindigkeit und dem pro Oszillation zurückgelegten Verfahrweg (der vierfachen Spanne). Der Einfluss von Spanne und Verfahrgeschwindigkeit auf die Konvektionsenergie sind in einem Energieübertragungsfaktor zusammengefasst.

Außerdem besteht eine Abhängigkeit der Substrattemperatur von der Verfahrgeschwindigkeit des Substrats, da eine höhere Geschwindigkeit ebenfalls zu einer anteilig höheren Verweildauer über der Kathode, damit aber auch zu kürzeren Gesamtprozesszeiten, führt. In Abbildung 2.2.5 (b) ist die prozentuale Verweildauer des Substrats über der Kathode für verschiedene Prozesse mit gleicher Schichtdicke (100 nm) graphisch dargestellt.

Der Einfluss von Verfahrgeschwindigkeit und Prozessdauer wurde darin zu einem Energieübertragungsfaktor zusammengefasst (ausgehend von 100 W (RF) Prozessleistung und 95 mm Abstand zwischen Substrat und Kathode). Wird die in Abbildung 2.2.4 für das Substrat bestimmte Temperatur mit dem Übertragungsfaktor und der Ratenverteilung multipliziert, ergibt sich das in Tabelle 2.3 dargestellte Verhältnis der einzelnen Parameter zur Substrattemperatur.
Die Substrattemperatur für einen Prozess mit 30 mm/s Verfahrgeschwindigkeit, 100 mm Amplitude des Verfahrwegs und 100 W RF berechnet sich somit auf 30 °C

(in Tabelle 2.3 hervorgehoben). Eine experimentelle Messung mittels Messstreifen ergab eine Temperatur von etwa 41 °C. Die tatsächliche Absorption liegt somit sogar noch signifikant oberhalb der Berechneten.

Tabelle 2.3: Temperaturprognose in Abhängigkeit der Prozessparameter

	Verfahr-geschwindigkeit	Verfahrweg (Spanne)			
		0 mm	50 mm	100 mm	300 mm
100 W DC	7 mm/s	70 °C	66 °C	57 °C	37 °C
	30 mm/s		30 °C	28 °C	24 °C
100 W RF	7 mm/s	86 °C	80 °C	68 °C	43 °C
	30 mm/s		33 °C	**30 °C**	25 °C
40 W RF	7 mm/s	60 °C	57 °C	49 °C	34 °C
	30 mm/s		28 °C	26 °C	23 °C

Für den zu optimierenden Prozess folgen daraus (unabhängig vom verwendeten Generatorensystem) zusätzliche Empfehlungen:

- Die Spanne sollte nicht kleiner als 100 mm gewählt werden. Sowohl im Hinblick auf die Substraterwärmung als auch zur Sicherstellung einer ausreichenden Schichthomogenität[3].

- Die Verfahrgeschwindigkeit sollte nicht kleiner als 30 mm/s gewählt werden. Damit reduziert sich die maximale thermische Energieaufnahme pro Oszillation. Dies ermöglicht dem Substrat, den lokalen Energieeintrag abzubauen und sich gleichmäßig zu erwärmen.

- Der Einfluss der Substrattemperatur auf die Schichtqualität des AZO wurde ebenfalls untersucht. Eine thermische Behandlung ist auf Grund der Sensibilität der organischen Moleküle jedoch nur begrenzt möglich. Aus diesem Grund werden die aus der Literatur bekannten Annealingtemperaturen (s. S. 18) nicht erreicht. Eine nennenswerte Veränderung der Leitfähigkeit, Morphologie oder Transparenz der abgeschiedenen AZO-Schichten war daher nicht nachweisbar.

---

[3]Auf Grund der ortsabhängigen Abscheiderate (dargestellt in Abbildung 2.2.5 (a)) ergibt sich ein kuppelförmiges Schichtdickenprofil für Spannen kleiner als die Substratfläche. In der Anlage wurden Substratträger mit 100 mm Kantenlänge verwendet.

2.2.3 Einfluss der UV-Strahlung

Die meisten organischen Halbleitermaterialien absorbieren Licht aus dem sichtbaren Spektralbereich kaum. Daher sind sie gegenüber einer Bestrahlung unempfindlich. UV-Strahlung kleiner einer Wellenlänge von etwa 380 nm kann jedoch absorbiert werden. Die Photonenenergie im UV liegt mit 3,3 eV im Bereich der chemischen Bindungsenergie der organischen Materialien. Somit besteht die Gefahr, das Bauteil durch UV-Bestrahlung auf molekularer Ebene zu schädigen. Die getrennten Ladungsträger im Plasma rekombinieren ständig wieder miteinander. Dadurch entsteht ein für das Plasma typisches Emissionsspektrum, das teilweise auch in den UV-Bereich hinein reicht. Ein Spektrum der verwendeten Anordnung ist in Abbildung 2.2.6 (a) zu sehen. Das Spektrum ist charakteristisch für den Prozess, so dass es häufig zur Prozessüberwachung eingesetzt wird [82]. Das Spektrum wurde mit einem Faserspektrometer aufgenommen (Messbereich bis 220 nm). Die optische Leistung wurde mit einem Leistungsmesskopf gemessen. Das gezeigte Spektrum ist mit der gemessenen Transmission der UV-Scheibe gewichtet. Claeyssens [83] und Barnes [84] wiesen nach, dass keine Emissionslinien vom Targetmaterial oder Gaspartikeln im tieferen UV zu erwarten sind.

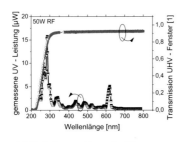
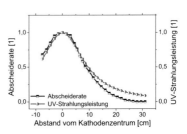

(a) Emissionsspektrum des Plasmas   (b) UV-Strahlung und Abscheideverteilung

Abbildung 2.2.6: Die Hauptemission des Plasmas liegt im UV-Bereich. Der Anteil der sich kugelsymmetrisch ausbreitenden UV-Strahlung ist ab etwa 50 mm Abstand zum Kathodenzentrum größer als der Anteil der Abscheiderate in diesem Bereich. Für eine minimale UV-Absorption sollte der Verfahrweg daher nicht größer als 50 mm gewählt werden.

Geht man von Lambert'schem Abstrahlverhalten aus, ist die optische Leistungsdichte am Substrat nur von der Leistungsdichte auf der Kathode und dem Flächeninkrement abhängig. Analog zu den thermischen Untersuchungen dieses Kapitels ergibt sich der in Abbildung 2.2.6 (b) gezeigte Verlauf. Im Zentrum senkrecht über der Kathode muss dabei mit bis zu $0,5\,\frac{mW}{cm^2}$ gerechnet werden. Dieser Wert ist im Literaturvergleich gering (vgl. $25\,\frac{mW}{cm^2}$ [85]). Der Unterschied resultiert aus den unterschiedlichen Leistungsdichten. Während Kathodenzerstäubung in aller Regel als Hochratenprozess betrieben wird, verläuft das hier gewählte Prozessfenster nahe der unteren Stabilitätsgrenze des Plasmas, um die organischen Schichten zu schonen.

Mit größer werdendem Abstand vom Zentrum der Kathode fällt die Verteilung der Abscheiderate schneller als der Anteil der UV-Strahlung. Daraus resultiert für eine geringe Gesamtabsorption die Forderung nach einer möglichst kleinen Verfahramplitude, da eine konstante Schichtdicke beim höheren Ratenverhältnis direkt über der Kathode schneller erreicht wird. Die Ergebnisse der thermischen Untersuchung verliefen konträr. Daher wird ein Kompromiss mit 100 mm Verfahramplitude gewählt. Die Diskrepanz von Abscheideverteilung und UV-Strahlungsverteilung im Bereich oberhalb der Kathode (s. Abbildung 2.2.6 (b)) resultiert aus der vereinfachten Betrachtungsweise; es wurde eine punktförmige Strahlungsquelle für die Abstrahlcharakteristik der UV-Strahlung angenommen.

Um die Schädigung durch UV-Belastung während des Sputterprozesses zu quantifizieren und von anderen Mechanismen zu entkoppeln, wurden zwei OLEDs aus demselben Herstellungsprozess untersucht. Sie bestanden aus α-*NPD* und *Alq$_3$* in konventioneller (nicht invertierter) Schichtreihenfolge nach Abbildung 1.1.2. Auf eine thermisch aufgedampfte Schutzschicht aus *MoO$_3$* wurde ebenfalls verzichtet. Zwischen der PVD-Abscheidung des *Alq$_3$* und des *LiF* wurde ein Sputterprozess durchgeführt. Dabei wurde eines der Bauteile durch eine Edelstahlmaske vollständig verdeckt. Der Hintergrunddruck wurde mit 30 μbar so hoch gewählt, dass keine Abscheidung auf einer zusätzlich mitgeführten Referenzprobe nachgewiesen werden konnte. Die Prozessleistung betrug 40 W (DC), die Spanne 0 mm, die Zeit im Plasma 14 Stunden. Ein Temperaturan-

2.2.3 Einfluss der UV-Strahlung

stieg wurde ebenfalls nicht festgestellt. Spektrum und die Intensität des Plasmas veränderten sich gegenüber kleineren Prozessdrücken nicht.
In Abbildung 2.2.7 (a) ist die Strom- und Leuchtdichte in Abhängigkeit der Spannung für beide Bauteile dargestellt. Die Leckströme steigen durch die UV-Bestrahlung signifikant an, das Bauteil zeigt nahezu Ohm'sches Verhalten. Die Einsatzspannung verdreifacht sich. Eine mögliche Erklärung liegt in der Teilabsorption der emittierten UV-Strahlung durch das organische Material (siehe Emissionsspektrum der Kathode in Abbildung 2.2.6 (a)). Die Energie reicht aus, chemische Bindungen aufzubrechen; die elektrooptischen Eigenschaften der halbleitenden Funktionswerkstoffe gehen verloren.

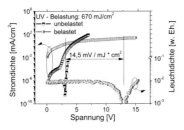

(a) Verschiebung der Einsatzspannung einer OLED unter UV-Belastung

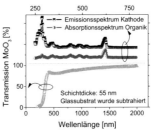

(b) Absorptionsspektrum der organischen Schichten unterhalb einer MoO_3-Schutzschicht

Abbildung 2.2.7: Durch UV-Bestrahlung können die organischen Moleküle chemisch verändert werden. Die halbleitenden Eigenschaften gehen verloren, das Bauteil wird zerstört. Durch Einfüge einer Schicht aus 50 nm MoO_3 kann der überwiegende Teil der beim Sputtern entstehenden UV-Strahlung von den organischen Schichten ferngehalten werden.

Ein Ansatz, um die UV-Belastung der organischen Schichten zu reduzieren, ist es, eine UV-absorbierende Schicht über der Organik abzuscheiden. Diese sollte jedoch weder die Lichtemission der OLED im sichtbaren Spektralbereich noch die Effizienz des Bauteils negativ beeinflussen. Meyer [24] schlägt hierfür die Verwendung von Metalloxiden wie MoO_3 oder WO_3 vor. Ikdeda et al. zeigten [86], dass sich MoO_3 im UHV thermisch verdampfen und als Lochleiter verwenden lässt. Wird die OLED invers [11] aufgebaut, bildet es die letzte Schicht vor dem

Sputterprozess und verdeckt alle darunterliegenden Organikschichten vor der UV-Bestrahlung durch die Kathode. Das Transmissionsverhalten von MoO_3 ist in Abbildung 2.2.7 (b, unten) dargestellt. Eine 55 nm dünne Schicht reduziert die UV-Absorption der Organik demnach auf etwa 2 %.

SIMS-Untersuchungen [87] zeigen zudem, dass die von der Kathode emittierten Partikel weniger tief in eine Metalloxidschicht eindringen können als in eine Schicht aus organischem Halbleitermaterial. Dies ist insbesondere auf die härtere Schichtstruktur zurückzuführen. Meyer [24] wies nach, dass bei einer Kathodenzerstäubung von ITO in WO_3 eine Eindringtiefe von 60 nm erreicht wird, während sie beim organischen Halbleitermaterial TCTA rund 100 nm beträgt. Bei Wiederholung des oben beschriebenen Versuchs mit einer MoO_3-Deckschicht zeigte sich nahezu kein Versatz der Einsatzspannung des Bauteils. Die Schichtfolge entsprach dabei dem invertierten Aufbau von Abbildung 4.2.8 (d).

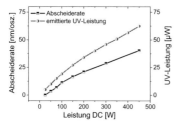
(a) Abscheiderate und UV-Strahlung in Abhängigkeit der Prozessleistung

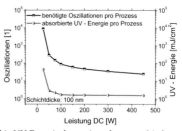
(b) UV-Energieabsorption für verschiedene Prozessleistungen

Abbildung 2.2.8: Das Verhältnis von emittierter UV-Strahlung zur Abscheiderate entfernt sich für Leistungen größer 100 W DC von ihrem Optimum. Für Leistungen kleiner 100 W DC steigt die absorbierte UV-Energie jedoch überproportional an, da auf Grund der geringeren Abscheiderate sich die Beschichtungsdauer signifikant verlängert.

Um die UV-Belastung klein zu halten, ist ein Mittelweg zwischen der UV-Leistungsdichte ($\sim$ Leistung) und der Prozesszeit ($\sim$ Rate) zu suchen (absorbierte Energie = UV-Leistung · Zeit). Bei vorgegebener Schichtdicke wird die Prozesszeit von der Abscheiderate vorgegeben. Die folgenden Graphen (Abbildung 2.2.8) zeigen die Abhängigkeit der Plasmaleistung und Abscheidegeschwindigkeit von der Prozessleistung (a) bzw. die Energieaufnahme der Schichten während eines Prozesses mit konstanter Schichtdicke (b). Die Prozesszeit variiert dabei entsprechend.

Für die UV-Belastung des organischen Halbleiterbauteils durch den Kathodenzerstäubungsprozess kann somit zusammengefasst werden:

- Effizienzverlust und Versatz der Einsatzspannung sind zumindest teilweise auf UV-Belastung während des Sputterprozesses zurückzuführen. Sie können durch alternative Sputterverfahren wie „Face-to-Face"-Anordnung zweier Kathoden [88, 89] oder Sputtern in einem Gasstrom [90] beeinflusst werden.

- Die Degradation verringert sich bei kurzen Oszillationsspannen (s. Abbildung 2.2.6). Diese Forderung ist konträr zu den Ergebnissen der thermischen Untersuchung.

- Im verwendeten System steigt die absorbierte UV-Energie für Leistungen kleiner 100 W überproportional an.

- Eine Deckschicht aus Metalloxiden wie WoO_3 oder MoO_3 kann die funktionellen Organikschichten vor UV-Strahlung schützen und reduziert zudem die Eindringtiefe auftreffender Partikel. Diese Ergebnisse beruhen auf Arbeiten anderer Mitarbeiter des Instituts für Hochfrequenztechnik der TU Braunschweig [11, 91, 24].

2.3 Prozessentwicklung

Im ersten Abschnitt dieses Kapitels wurde ein Prozess zur Abscheidung hochleitfähiger, transparenter AZO-Schichten beschrieben. Dem schlossen sich verschiedene Untersuchungen zur Degradation organischer Halbleiterschichten an, die vom Sputterprozess verursacht werden können. Unter Verwendung dieser Ergebnisse als Leitlinien soll nun der Prozess für die Abscheidung einer Deckelektrode aus AZO auf organischen Halbleiterschichten weiterentwickelt werden.

2.3.1 Stand der Wissenschaft

Semitransparente Metallfilme
Eine Möglichkeit, transparente OLEDs herzustellen, ist es, anstelle einer hochtransparenten, kathodenzerstäubten Schicht einen dünnen (sog. semitransparenten [92]) Metallfilm als Deckelektrode zu verwenden [93]. Diese Metallfilme können im herkömmlichen PVD-Verfahren auf die organischen Schichten abgeschieden werden. Dabei weisen sie einen Schichtdickenbereich auf, in dem die Leitfähigkeit bereits über die gesamte Schicht homogen ist, aber weniger als 50 % des Lichts absorbiert wird. Je nach Materialbeschaffenheit beträgt die Schichtdicke dabei $8 - 20\,nm$.

Auf Grund des geringen Leiterquerschnitts und des damit verbundenen, hohen Schichtwiderstands ist die Stromversorgung von größeren Flächen ($> mm^2$) mit diesem Ansatz nur schwer realisierbar. Außerdem zeigte Meyer [24], dass dünne Metallfilme auf Organik zu Inselwachstum neigen. So bildet Silber auf TCTA erst ab 10 nm Schichtdicke einen geschlossenen Film, dessen Transmission im sichtbaren Spektralbereich durchschnittlich nur noch 40 % beträgt. Hinzu kommen verschiedene verfahrenstechnische Schwierigkeiten hinsichtlich der Homogenität solcher dünnen Schichten auf großen Flächen. Das Verfahren eignet sich daher nur für Laborexperimente.

Schutzschichten
Um die Depositionsschädigung beim Sputtern zu reduzieren, werden sowohl organische als auch anorganische Opfer- und Schutzschichten über den organischen Halbleiterschichten abgeschieden. Hierunter nehmen insbesondere die bereits erwähnten (s. S. 41) Metalloxide (z.B. MoO_3, WO_3) eine erfolgsversprechende Stellung ein [24, 94]. Darüber hinaus wurde am Institut für Hochfrequenztechnik [11, 95] für das Material ITO eine zusätzliche, gesputterte

2.3.1 Stand der Wissenschaft

Schutzschicht entwickelt. Dabei wird zunächst eine ITO-Schicht abgeschieden, bei der die Kathode nahe der Stabilitätsgrenze des Plasmas betrieben wird. Es entsteht eine Schicht geringer Leitfähigkeit[4], deren Degradationspotenzial für die organischen Moleküle auf Grund der geringen kinetischen Energie der Teilchen klein ist.

Die organischen Halbleiter werden somit durch eine mehrschichtige Barrierestruktur aus physikalisch-thermisch abgeschiedenem Metalloxid und kathodenzerstäubtem, schlecht leitfähigen ITO vor dem eigentlichen Sputterprozess der Deckelektrode geschützt. Um die kathodenzerstäubten Schichten unterscheiden zu können, wird im Folgenden die zuerst abgeschiedene Schicht mit geringer Teilchenenergie „Unterschicht", die darüber liegende, hochleitfähige Schicht „Oberschicht" genannt.

Untersuchungen von Meyer und Tilgner am IHF führten für die Abscheidung funktionsfähiger ITO-Deckelektroden. Im Schichtaufbau folgt einer 100 nm MoO_3-Schicht eine ITO-Unterschicht von 20 nm (abgeschieden bei 5 μbar und 40 W RF), sowie eine ITO-Oberschicht von 100 nm (abgeschieden bei 5 μbar und 100 W RF). Die ITO-Unterschicht führt zu einem Transmissionsverlust von etwa 30 %, die MoO_3 Schicht zu weiteren 15 % wie in Abbildung 2.3.1 (a) für $d_{MoO_3} = d_{ITO} = 50\,nm$ gezeigt.

Das Prinzip einer mehrstufigen Barrierestruktur wird nun für die Kathodenzerstäubung von AZO auf einer OLED weiterentwickelt. Dabei verlangt insbesondere die höhere kinetische Energie der zerstäubten Teilchen eine grundlegende Erweiterung des vorgestellten Verfahrens. Diese Erweiterung beinhaltet insbesondere die erstmalige Berücksichtigung des Prozessdrucks als variable Größe und die (ebenfalls erstmalige) Einführung eines kontinuierlichen, graduellen Verfahrens. Damit gelang es erstmals, eine leitfähige AZO-Deckelektrode mit einer planaren Magnetronkathode erfolgreich auf eine OLED zu sputtern.

---

[4]Bahnwiderstände der verwendeten Schichten (d = 100 nm):
Deckkontakt (ITO oder AZO): $\sim 10^1\,\mu\Omega \cdot cm$
Schutzschicht (ITO oder AZO): $\sim 10^{3\ldots 5}\,\mu\Omega \cdot cm$
MoO_3 Schicht: $> 10^7\,\mu\Omega \cdot cm$
Organik: $> 10^9\,\mu\Omega \cdot cm$

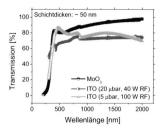 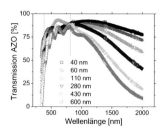

(a) Transparenz von ITO und MoO_3 (b) Transparenz von AZO-Schichten

Abbildung 2.3.1: Bei der Kathodenzerstäubung von Indiumzinnoxid bei einem hohen Prozessdruck (20 μbar) entstehen nicht nur Schichten schlechter elektrischer Leitfähigkeit, sondern auch verminderter Transparenz. Demgegenüber erlaubt AZO die Abscheidung einer nahezu beliebig dicken Schutzschicht ohne nennenswerte Transmissionsverluste.

2.3.2 Verfahrensanpassung auf den AZO-Prozess

Die Abscheidung einer AZO-Elektrode auf einer Schutzschicht aus MoO_3 führt selbst bei minimaler Kathodenenergie zu hohen Leckströmen. Durchschlagsichere MoO_3-Schichten müssten mehr als 1000 nm dick sein und wären nicht mehr transparent. Zur Abscheidung hochleitfähiger Deckschichten ist eine erhöhte kinetische Restenergie der AZO-Teilchen jedoch unvermeidbar (s. S. 18). Das vorgestellte Verfahren einer zusätzlichen, gesputterten Unterschicht erlaubt es, die Schichtdicke des Metalloxids klein zu halten. Die Barrierewirkung wird hauptsächlich von der Unterschicht übernommen.

Wie Abbildung 2.3.1 (b) zeigt, ist die Transmission des AZO im sichtbaren Spektralbereich von der Schichtdicke nahezu unabhängig. Die Verluste resultieren überwiegend aus dem Glassubstrat und Reflexionseffekten. Diese materialspezifische Eigenschaft erlaubt beliebig dicke Schutzschichten ohne Verluste der Transparenz. Der Bahnwiderstand ist mit ca. 10^5 $\mu\Omega \cdot cm$ nicht ausreichend, die

2.3.2 Verfahrensanpassung auf den AZO-Prozess

Stromlast des Kontakts zu tragen und die Kontaktschicht zu ersetzen. Er ist aber um zwei Größenordnungen niedriger als der des darunterliegenden MoO_3 und vier Größenordnungen niedriger als der Bahnwiderstand vieler organischer Schichten. Daher verändern sich die elektrischen Eigenschaften des Bauteils kaum, wenn die Schichtdicke der AZO-Unterschicht variiert wird.

Der Prozess zur Abscheidung einer Unterschicht aus AZO wurde in Kapitel 2.2 entwickelt. Zur Ausbildung einer mehrstufigen Schutzschicht unterhalb der leitfähigen AZO-Deckelektrode wird dieses Verfahren adaptiert und zusätzlich folgende Erweiterungen eingeführt (Abbildung 2.3.2):

- Die Energiedichte über der Kathode wird bis nahe der Plasmastabilitätsgrenze reduziert. Wie in Kapitel 2.2 gezeigt, ist die kinetische Restenergie der Teilchen umgekehrt proportional zur Stoßhäufigkeit auf der Flugbahn zwischen Kathode und Substrat. Zur Reduktion der Teilchenenergie wird daher der Prozessdruck während der Abscheidung der gesputterten Unterschicht erhöht.

- Um eine Schädigung durch die erhöhte Partikelenergie während der Abscheidung der hochleitfähigen AZO-Oberschicht zu vermeiden, wird die Schichtdicke der Unterschicht vergrößert.

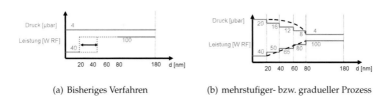

(a) Bisheriges Verfahren (b) mehrstufiger- bzw. gradueller Prozess

Abbildung 2.3.2: Das für die schonende Kathodenzerstäubung von ITO entwickelte Verfahren einer Abscheidung in verschiedenen Schichten wird um die Variation des Prozessdrucks erweitert und von einem zweistufigen Prinzip in einen mehrstufigen bzw. kontinuierlichen Prozess überführt.

Graduelle Prozessführung

Die Abhängigkeit der Rate von Hintergrunddruck und Prozessleistung führt bei Anwendung der zuvor entwickelten Prozessparameter für die Unterschicht zu sehr langen Prozesszeiten (ca. 36 h für 600 nm). Um die Prozessdauer zu reduzieren, wird eine graduelle Prozessführung eingeführt. Hierbei wird vom beschriebenen Zweistufenprozess, dem Enddruck, sowie der Anfangs- und Endleistung ausgegangen. Druck und Leistung werden entsprechend ihrer Korrelation mit der Partikelrestenergie mit steigender Schichtdicke kontinuierlich angepasst. Aus den Messergebnissen (s. Abbildung 2.2.2) ergibt sich zwischen Hintergrunddruck und Restenergie der Partikel ein exponentieller Zusammenhang. Zur zugeführten Kathodenleistung hingegen verhält sich die Restenergie der Partikel linear proportional. Um die Restenergie der Partikel kontinuierlich ansteigen zu lassen, bietet sich daher eine exponentielle Reduktion des Hintergrunddrucks und eine lineare Steigerung der Kathodenleistung an. Beide sind in Abbildung 2.3.2 (b) schematisch dargestellt.

Durch die kontinuierliche Variation von Hintergrunddruck und Kathodenleistung konnte die Prozesszeit um den Faktor 4,5 reduziert werden. Die folgende Abbildung 2.3.3 zeigt den resultierenden Prozessverlauf[5]. Dargestellt ist die Anpassung von Druck und Leistung sowie das resultierende Schichtwachstum über den Prozessfortschritt (angegeben in Oszillationen).

Die Leckströme verschiedener Prozesse sind in Abbildung 2.3.3 im direkten Vergleich gegenüber gestellt. Der Zweischichtprozess mit MoO_3 und AZO bzw. ITO

---

[5]Der exakte mathematische Zusammenhang zwischen Rate und Druck, Rate und Leistung sowie Druck und Ventilsteuerung der Drosselklappe zwischen Kammer und Pumpe wurde mit experimentellen Messreihen bestimmt, ihre mathematische Funktion über Polynome angenähert. Es ergaben sich folgende Verhältnismäßigkeiten:

Für die Rate (y) zum Druck (x): $y = -0,0133 \cdot x + 0,3933$ im Bereich $[4 - 25]\,\mu bar$
Für die Rate (y) zur RF-Leistung(x): $y = 6 \cdot 10^{-5} \cdot x^{2,3506}$ im Bereich $[25 - 100]\,W\,RF$
Für die Ventilstellung (y) zum Druck (x):
$y = 5,51 \cdot 10^{-5} \cdot x^8 - 0,0058 \cdot x^7 + 0,26 \cdot x^6 - 6,80 \cdot x^5 + 106,13 \cdot x^4 - 1036,64 \cdot x^3 + 6187,52 \cdot x^2 - 20665,26 \cdot x + 30182,85$ im Bereich $[4 - 8]\,\mu bar$
bzw.: $y = -0,065 \cdot x^3 + 3,37 \cdot x^2 - 62,23 \cdot x + 826,36$ im Bereich $[8 - 20]\,\mu bar$

2.3.2 Verfahrensanpassung auf den AZO-Prozess

entspricht dabei dem von Meyer [24] formulierten Ausgangsprozess für die hier beschriebene Anpassung. Als Übergangsschritt zwischen einem Zweistufen- und einem graduellen Prozess wurde zudem ein Fünfstufenprozess (beschrieben in Abbildung 2.3.2 (b)) in die Messreihe aufgenommen. Das Leckstromverhalten eines ungeschädigten Bauteils mit thermisch beschichtetem Aluminiumkontakt ist zum Vergleich ebenfalls abgebildet.

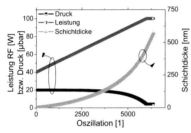
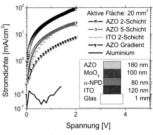

(a) Variation der Parameter bei einer graduellen Prozessführung

(b) Vergleich der Leckströme bei verschiedenen Zerstäubungsprozessen

Abbildung 2.3.3: Beim entwickelten graduellen Prozess werden die Leistung und der Prozessdruck kontinuierlich variiert. Die unten liegenden, schonend abgeschiedenen Komponenten der Schicht schützen dabei die organischen Moleküle vor den energiereicheren Teilchen, welche eine elektrisch leitfähige Schicht bilden. Dadurch können die vom Zerstäubungsprozess verursachten Leckströme signifikant reduziert werden.

Der signifikante Einfluss der Abscheideparameter auf die Schichtmorphologie ist in folgender REM-Aufnahme 2.3.4 (a) dargestellt. Sie zeigt die Bruchkante einer nach dem beschriebenen, graduellen Verfahren hergestellten Schicht AZO auf MoO_3. Mit fortschreitendem Prozessverlauf und größer werdender Schichtdicke führt dabei die gesteigerte Partikelenergie zu größer werdenden Kristalldomänen. Wie aus der kontinuierlichen Parameteranpassung während des graduellen Abscheideprozesses zu erwarten war, geht die schützende Unterschicht dabei nahtlos in die leitfähige Deckschicht über.

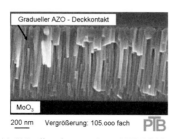 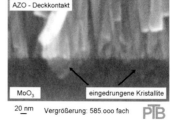

(a) Kristallwachstum einer AZO-Schicht aus einem graduellen Prozess

(b) Eindringtiefe hochenergetischer Partikel aus der Kathodenzerstäubung in MoO_3

Abbildung 2.3.4: REM-Aufnahme der Bruchkante einer AZO-Schicht, die mit dem graduellen Prozess auf eine Schutzschicht aus MoO_3 gesputtert wurde. Mit fortschreitendem Abscheideprozess treffen hochenergetische Teilchen auf das Substrat, die kristallinen Strukturen werden größer. Trotz des graduellen Prozesses kommt es jedoch zum Eindringen zerstäubter Teilchen in die darunterliegende Schicht.

Die Eindringtiefe der Kristallite in die MoO_3-Schicht misst (trotz gradueller Prozessführung) rund 40 nm, wie aus Abbildung 2.3.4 (b) hervorgeht. Unter Verwendung des zuvor vorgestellten Zweistufenprozesses zur schonenden Abscheidung von ITO auf WO_3, ergaben SIMS-Messungen eine Eindringtiefe von 60 nm [24].

Zwar sind weder WO_3 und MoO_3 noch die Abscheideprozesse für ITO und AZO direkt vergleichbar, das Verhältnis der gemessenen Eindringtiefen korreliert jedoch gut mit den gemessenen Leckströmen (vgl. Abbildung 2.3.3). Zusammenfassend deutet dies darauf hin, dass die Schutzwirkung des entwickelten graduellen AZO-Prozesses mit dem Zweistufenprozess (s. S. 45) vergleichbar ist, der für die schonende Abscheidung von ITO auf WO_3 am IHF entwickelt worden ist. Damit ist es möglich, trotz der bei AZO notwendigen Oberflächendiffusion auf dem Substrat, eine hochleitfähige und hoch transparente Deckelektrode abzuscheiden.

2.3.2 Verfahrensanpassung auf den AZO-Prozess

Sinterpartikel

Unter Verwendung des graduellen Abscheideverfahrens kann ein Bauteilverlust durch Kurzschlüsse nahezu vollständig vermieden werden. Die so hergestellten Bauteile zeigen eine Abhängigkeit der Leckströme von der Prozesszeit und der beschichteten Fläche, wie in Abbildung 2.3.5 dargestellt. Die Leckströme einer Vergleichsprobe mit physikalisch-thermisch abgeschiedenem Aluminiumkontakt liegen sechs Größenordnungen unterhalb der Leckströme von Bauteilen mit gesputterten Deckelektroden (s. Abbildung 2.3.3).

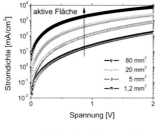
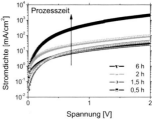

(a) Einfluss der aktiven Fläche   (b) Einfluss der Prozesszeit

Abbildung 2.3.5: Die Leckströme eines Bauteils, dessen AZO-Deckkontakt mit Kathodenzerstäubung abgeschieden wurde, nehmen sowohl mit der beschichteten Fläche als auch mit der Dauer des Sputterprozesses zu.

Dieser Effekt tritt sowohl bei AZO als auch bei ITO-Schichten auf. Untersuchungen mit verschiedenen Kathodenzerstäubungssystemen zeigten zudem, dass die Ursachen nicht in den beschriebenen Degradationsmechanismen (UV-Strahlung, thermische Belastung und Teilchenbeschuss) oder der verwendeten Anlage zu suchen sind, sondern aus dem Sputterprozess selbst resultieren.

Eine mögliche Erklärung lässt sich auf das Herstellungsverfahren der Kathode zurück führen. Dabei werden Körnchen aus Al_2O_3 und ZnO gemahlen und unter hohem Druck und Temperatur miteinander versintert. Morphologisch bilden diese Körner einen porösen Festkörper, dessen einzelne Sinterteilchen (sog. Cluster) sich an verschiedenen Stellen berühren (ähnlich einer Kugelpackung) [10]. Im Verlauf des Sputterprozesses ist vorstellbar, dass ein kleiner, oberflächennaher

Cluster mit der Kathode nur noch über wenige Atome verbunden ist [17]. Wird die Bindungsenergie dieser wenigen Atome durch das Plasma aufgebrochen, löst sich anstelle einzelner Atome der gesamte Cluster von der Kathode.

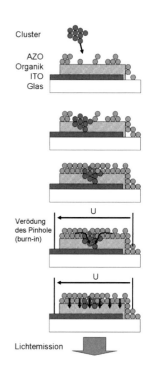

Abbildung 2.3.6: Schematische Entstehung eines Pinholes

Das Auftreffen eines solchen Teilchens auf das Substrat ist in Abbildung 2.3.6 schematisch dargestellt. Die kinetische Energie eines Clusters ist (auf Grund seiner Masse) so groß, dass der gesamte Schichtstapel bis zum Bodenkontakt durchschlagen werden kann. Nachfolgend zerstäubte Partikel lagern sich auf dem Cluster ab und verbinden ihn mit der übrigen Deckelektrode. Es entsteht eine nicht leuchtende, elektrisch leitfähige Verbindung vertikal durch das Bauteil (engl.: pinhole). Wegen der vergleichsweise hohen Stromleitfähigkeit des AZO gegenüber der Organik wird nahezu der gesamte Strom, der durch das Bauteil fließt, durch die Cluster geleitet. Die hohe Stromdichte führt zur thermischen Erwärmung. Sie kann groß genug werden, den Cluster thermisch zu zerstören (ihn zu veröden). Ein solcher Verödungsprozess ist in der spannungsabhängigen Stromdichtekennlinie in Abbildung 2.3.7 (a) dargestellt. Es entsteht eine elektrooptisch inaktive Region inmitten der aktiven Fläche der OLED. Sind alle Pinholes verödet, überträgt sich der Stromfluss auf die organischen Halbleiterschichten, das Bauteil leuchtet. Dieser Vorgang wird „Einbrennen" (engl.: burn-in) genannt.

Die meisten Pinholes sind so klein, dass sie unter dem Mikroskop zunächst nicht wahrgenommen werden können. Da sie jedoch eine vertikale Schädigung der

2.3.2 Verfahrensanpassung auf den AZO-Prozess

gesamten OLED-Struktur darstellen, entsteht ein elektrooptisch inaktiver Bereich innerhalb der aktiven Fläche (*engl.: darkspot*). An diesen Stellen kann Wasser und Luftsauerstoff beschleunigt in den Schichtstapel eindringen und die umliegende Organik degradieren (vgl. Kapitel 3.1), die Pinholes wachsen mit zunehmendem Alter des Bauteils. Die leuchtende Fläche eines beschleunigt gealterten Bauteils ist in Abbildung 2.3.7 (b) dargestellt. Das Bauteil wurde dabei mit einem Atomic Layer Deposition (ALD)-Prozess behandelt. Bei diesem Verfahren wird die OLED (unter Anderem) einer Atmosphäre ausgesetzt, deren Wasseranteil zur Degradation führt [23, 24]. Die so gewachsenen Darkspots können mit einem Mikroskop gezählt werden.

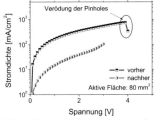

(a) Veränderung der Spannungscharakteristik einer OLED durch des Veröden

(b) Mikroskopaufnahme der durch Cluster beeinträchtigten, aktiven Fläche

Abbildung 2.3.7: Treffen versinterte Cluster aus dem Target auf das Substrat, können Sie tief in die organischen Schichten eindringen. Wird an ein solches Bauteil Spannung angelegt, so fließt der Strom überwiegend durch den Cluster (auf Grund des geringeren elektrischen Widerstands). Wird der Stromfluss groß genug, kann der Cluster thermisch zerstört (verödet) werden. Eine elektrooptisch inaktive Region (Pinhole) entsteht.

Anhand dieser Zählung lässt sich die Emissionsrate des verwendeten Targets für den zeitintensiven Unterschichtprozess auf etwa ein Sintercluster pro Quadratmillimeter und Stunde abschätzen (Aktive Fläche: $1,2\,mm^2$, 24 Darkspots, Prozessleistung: 40 W RF, Hintergrunddruck: 20 μbar).

Abbildung 2.3.8 zeigt REM-Aufnahmen der Oberfläche im Bereich des mikrokristallinen Wachstums (a) und eines Sinterteilchens (b). Das kristalline Wachstumsverhalten setzt sich dabei auf den runden Strukturen des thermisch verbackenen Clusters fort. Dies ist ein Hinweis darauf, dass es sich um eine metallische Struktur handelt. Bei mitgeführten Kontrollproben ohne Sputterprozess konnte kein vergleichbar signifikantes Wachstum von Darkspots festgestellt werden. Daher wird die Ursache in der Kathodenzerstäubung und nicht in der Substratpräparation vermutet.

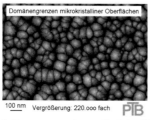
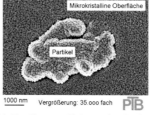

(a) Korngrenzen einer mikrokristallinen Oberfläche aus kathodenzerstäubtem AZO

(b) Ein Sinterpartikel aus der Kathode, überzogen von zerstäubten AZO-Teilchen

Abbildung 2.3.8: REM-Aufnahme der Oberfläche einer AZO-Schicht aus der Kathodenzerstäubung. Die Korngrenzen der Mikrokristalle sind rund 100 mal kleiner als die der Sinterpartikel. Er wurde von nachfolgenden AZO-Teilchen überzogen und besitzt die selbe Oberflächentextur.

2.3.3 Bauteilvergleich

Ein direkter Vergleich zwischen dem nichtinvertierten Bauteil mit Deckelektrode aus Aluminium (Aufbau siehe Abbildung 4.2.8) und einem identischen, aber invertierten Bauteil mit 100 nm Schutzschicht aus MoO_3 ist in Auswertung 2.3.9 dargestellt.
Der AZO-Deckkontakt ist mit dem vorgestellten graduellen Prozess (Abbildung 2.3.3) abgeschieden worden. Die optische Auskopplung durch den Deckkontakt wurde mit 37 % der Emission durch den Bodenkontakt bestimmt. Die angegebene Gesamtemission errechnet sich hieraus additiv. Eine Veränderung des Spektrums wurde nicht beobachtet und entspricht daher der Darstellung in Abbildung 4.2.8 (d). Die Lebensdauer des neuen Bauteils mit

2.3.3 Bauteilvergleich

MoO_3 Schutzschicht und graduellem AZO-Deckkontakt beträgt auf Grund der hohen Leckströme weniger als 1 % im Vergleich zum konventionellen Bauteil.

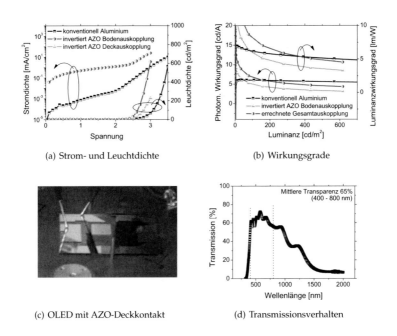

(a) Strom- und Leuchtdichte   (b) Wirkungsgrade

(c) OLED mit AZO-Deckkontakt   (d) Transmissionsverhalten

Abbildung 2.3.9: Vergleich von zwei OLEDs, deren Bodenelektrode aus kommerziellem ITO besteht. Das Referenzbauteil (Schichtfolge s. Abbildung 4.2.8) besitzt eine Deckelektrode aus Aluminium. Das transparente Bauteil besitzt denselben Aufbau in umgekehrter (invertierter) Schichtreihenfolge und einen Deckkontakt aus AZO nach dem vorgestellten graduellen Zerstäubungsprozess. Damit war es möglich, die erste OLED herzustellen, deren AZO-Deckkontakt mit einer planaren Magnetronkathode abgeschieden worden ist.

Kapitel 3

PVD-Abscheidung auf organischen Schichten

Einleitung und Motivation

Eine OLED ist aus dünnen Schichten organischer, metallorganischer und anorganischer Materialien aufgebaut, die sukzessive aufeinander abgeschieden werden (s. Abbildung 1.1.2). Den Abschluss bildet eine Deckelektrode, durch die das Bauteil mit Strom versorgt wird. Als Deckelektroden kommen anorganische Materialien zum Einsatz, da die Querleitfähigkeit und Ladungsträgermobilität der organischen Verbindungen zumeist nicht ausreicht, das Bauteil mit Strom zu versorgen (z.B. für Alq_3 nach [96]: $\sigma = 3 \cdot 10^{-15}\, S/cm$ und $\mu = 5 \cdot 10^{-7}\, cm^2/Vs$). Im vorangegangenen Kapitel wurde die Abscheidung einer transparenten Deckelektrode aus AZO näher erläutert. Sehr viel häufiger jedoch werden nichttransparente (opake) Deckelektroden eingesetzt. Sie bestehen überwiegend aus elementarem Aluminium.

Sowohl Aluminium als auch organische Halbleitermaterialien mit kleinem Molekulargewicht (*engl.: small molecules*) werden zumeist in einem PVD-Prozess abgeschieden (s. Kapitel 3.2). Dabei wird das abzuscheidende Material erwärmt, so dass es in die Gasphase übertritt [10]. Auf Grund von Strahlungs- und Ankopplungsverlusten des PVD-Systems (s. Abbildung 3.3.1) wird jedoch nicht nur das abzuscheidende Material erwärmt, sondern auch andere Komponenten wie

58 KAPITEL 3. PVD-ABSCHEIDUNG AUF ORGANISCHEN SCHICHTEN

beispielsweise die Kammer oder das Substrat. Der Einfluss dieser Erwärmung auf die Funktion des Bauteils wird in diesem Kapitel untersucht.

Wird ein Bauteil, basierend auf organischem Material, über eine (noch zu bestimmende) Temperaturgrenze hinaus erwärmt, können chemische Bindungen aufbrechen. Die organischen Moleküle sind dann irreversibel zerstört, die chemischen Eigenschaften grundlegend verändert. Eine mögliche Auswirkung ist, dass die zerstörten organischen Moleküle kein Licht mehr emittieren können [97]. Es kommt zu „nichtaktiven" Regionen innerhalb der leuchtenden Fläche, wie in Abbildung 3 dargestellt.

Chan et al. [98] wiesen nach, dass die Temperaturzufuhr zu jedem Zeitpunkt nach Abscheidung der Schicht zu vergleichbaren Degradationsbildern führt - sei es während der Abscheidung einer nachfolgenden Schicht, während der Verkapselung des Bauteils oder während des Betriebs. Eine Erwärmung der organischen Schicht nach deren Abscheidung kann demnach ebenfalls zu einer irreversiblen Degradationserscheinung führen.

Abbildung 3.0.1: Inhomogene Leuchtdichteverteilung als Folge einer Erwärmung.

Die unerwünschte Erwärmung kann durch den PVD-Prozess ausgelöst werden. Sie ist dabei umso größer, je mehr Energie für die Sublimation bzw. Verdampfung des abzuscheidenden Materials im PVD-System benötigt wird. Wegen der hohen Phasenübergangstemperaturen und Wärmekapazitäten der metallischen Kontaktmaterialien ist die Abscheidung des Deckkontakts deshalb eine besondere Herausforderung. Er ist daher Gegenstand der in diesem Kapitel zusammengefassten Untersuchungen. Das PVD-Abscheideverfahren des Deckkontakts soll so angepasst werden, dass eine möglichst hohe Abscheidegeschwindigkeit erreicht werden kann, ohne die Funktionsweise des Bauteils (z.b. die Effizienz oder das Emissionsspektrum) nachteilig zu beeinflussen.

3.1 Temperaturabhängige Veränderungen

Motivation
Wird die Temperatur des bereits abgeschiedenen, organischen Materials über eine (noch zu bestimmende) Grenze angehoben, kann dies zu Veränderungen in den physikalischen Eigenschaften der Schichten oder den chemischen Eigenschaften des Materials führen. Um den Abscheideprozess optimieren zu können, muss daher zunächst untersucht werden, bis zu welcher Temperatur die bereits abgeschiedenen, organischen Schichten physikalisch und chemisch stabil sind.
Die Untersuchungen zur thermischen Stabilität dünner organischer Schichten werden hier vorgestellt. Das Ziel ist dabei, eine Grenze für die thermische Belastbarkeit der verwendeten organischen Moleküle zu definieren. Diese Grenze ist abhängig von den spezifischen Eigenschaften des jeweiligen organischen Materials. Sie dient bei der anschließenden Prozessoptimierung der Deckkontaktabscheidung als Begrenzung des Parameterraums. Als Grenze für die maximale Temperaturentwicklung der folgenden Deckkontaktabscheidung wird die Temperatur festgelegt, welche noch keine Veränderung im sensibelsten der verwendeten organischen Materialien hervorruft.

Organische Halbleiterschichten liegen in aller Regel als planare, amorphe Strukturen ohne molekulare Ordnung oder Orientierung vor. Der Abstand zwischen den Molekülen ist beliebig, die intermolekularen Bindungskräfte sind sehr schwach ausgeprägt. Dieser Zustand wird metastabil genannt. Um eine energetisch günstigere Schichtordnung zu erreichen, muss die Bewegungsfreiheit der

Moleküle durch zusätzliche Energie erhöht werden. Diese zusätzliche Energie kann beispielsweise in Form von Wärmestrahlung während des Aufdampfprozesses der Deckelektrode in die Schicht eingebracht werden.

Mit steigender Temperatur erhalten polare Moleküle Gelegenheit, sich gegeneinander auszurichten [3, 99]. Oberflächendiffusion kann zur Bildung erster Strukturen führen [100], bei höheren Temperaturen ermöglicht die Volumendiffusion die Bildung von Kristallen. Wird das Material weiter erwärmt, kann es zu chemischen Reaktionen kommen (beispielsweise zu einer Oxidation mit dem Luftsauerstoff). Diese Effekte sind in Abbildung 3.1.1 schematisch dargestellt. H. Holleck [53] definiert für den metastabilen Zustand anorganischer Festkörper eine Stabilitätsgrenze von 1/3 der jeweiligen Kristallisationstemperatur (T_c). Er führt dies auf experimentelle Erfahrungswerte zurück. Ob diese phänomenologische Grenze auf organische Halbleiter übertragen werden kann, soll im Folgenden untersucht werden.

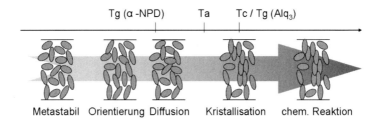

Abbildung 3.1.1: Mit steigender Temperatur der organischen Schicht werden morphologische Veränderungsprozesse möglich, beispielsweise in Form von Orientierungs-, Diffusions- oder Kristallisationseffekten. Wird die Temperatur weiter erhöht, können auch chemische Reaktionen initiiert und die organischen Moleküle zerstört werden.

Versuchsspezifikation

Um die verschiedenen Ergebnisse einzelnen physikalischen Effekten zuordnen zu können, wird ein möglichst einfaches, in der Literatur [8, 9] eingehend untersuchtes Modellsystem mit nur zwei organischen Halbleiterschichten gewählt. Es besteht aus dem Elektronentransportmaterial Alq_3 und dem Lochtransportmaterial α-NPD (s. Abbildung 1.1.2) und besitzt keine dotierten Schichten. Die Glasübergangstemperaturen (Tg) und Kristallisationstemperaturen (Tc) der Materialien sind schematisch in einem Temperaturstrahl in Abbildung 3.1.1 (oben) dargestellt und in Tabelle 3.1 angegeben.

Die Versuche wurden bei einer Annealingtemperatur (Ta) von 120 °C durchgeführt. Diese Temperatur entspricht der maximalen thermischen Belastung, welcher die organischen Schichten bei der Abscheidung einer Deckelektrode aus Aluminium ausgesetzt werden (s. Kapitel 3.2). Die gewählte Annealingtemperatur von 120 °C ist größer als die Glasübergangstemperatur des α-NPD, aber kleiner als die des Alq_3 ($Tg_{\alpha-NPD} < Ta < Tg_{Alq_3}$ s. Tabelle 3.1). Daher sind thermisch induzierte Änderungen der Morphologie überwiegend in der Schicht aus α-NPD zu erwarten.

Tabelle 3.1: Glasübergangs- und Kristallisationstemperaturen

Material	Glasübergangstemperatur (Tg)	Kristallisationstemperatur (Tc)
Alq_3	177 °C [101]	179 °C [102]
α-NPD	96 °C [103]	184 °C [103]
F_4-$TCNQ$	62 °C [104]	-

Die Substrate mit den abgeschiedenen organischen Schichten wurden auf einer Heizplatte langsam erwärmt und 60 min bei einer Temperatur von 120 °C gehalten. Die Messungen erfolgten bei Raumtemperatur. Die Temperschritte wurden in Inertgasatmosphäre durchgeführt, um chemische Reaktionen zu vermeiden. Als Substrat diente Silizium. Zur Indikation der Sensibilität der angewandten Untersuchungsverfahren wurden zudem Vergleichsproben aus F_4-$TCNQ$ mitgeführt.

Diffusion und Orientierung

Das Überschreiten der Glasübergangstemperatur führt zur Aufgabe des metastabilen Zustands. Die nun möglichen Diffusionsprozesse erlauben eine Planarisierung der Schichten [100] und (je nach Polarität des Materials) eine Orientierung der Moleküle [3, 99]. Dadurch verändert sich die Schichtdicke und das Profil der Schichtränder (sog. Kanten). Die Ergebnisse aus Tabelle 3.2 deuten dabei auf einen proportionalen Zusammenhang zwischen Schichtdickenänderung und Glasübergangstemperatur hin (gemessen mit Rasterkraftmikroskopie [23], Nadelprofilometrie [24] und Ellipsometrie [105]).

Auffällig ist, dass sich auch das Kantenprofil der Alq_3-Schicht ändert, deren Glasübergangstemperatur über der Annealingtemperatur liegt. Dieser Eindruck wird durch die tiefenabhängige Verteilung der Aluminiumkonzentration in der Schicht gestützt (s. Abbildung 3.1.2). Die Aufnahme das Untersuchungsergebnis einer Sekundärionen-Massenspektrometrie (SIMS) an zwei 50 nm dünnen, aufeinander gestapelten Schichten aus Alq_3 und α-NPD. Bei einer SIMS-Messung wird die Schicht mit einer Ionenquelle beschossen, in ihre atomaren Bestandteile zerlegt, welche mit einem Massenspektrometer quantifiziert wird. Da sich die unterschiedlichen organischen Materialien verschieden leicht durch Ionenbeschuss zerlegen lassen, ist die Abtragungsgeschwindigkeit abhängig von der jeweiigen Schicht. Dies führt zu einer Ungenauigkeit der Tiefenauflösung insbesondere an der Grenzfläche beider Materialien. Um diese Ungenauigkeit zu minimieren, wurde sowohl eine Probe mit der Schichtreihenfolge Alq_3, α-NPD als auch eine Probe mit umgekehrter Reihenfolge (α-NPD, Alq_3) jeweils vor und nach dem Annealing vermessen. Abbildung 3.1.2 zeigt den Mittelwert. Alq_3 besteht aus einem Aluminiumatom pro Molekül, α-NPD hingegen enthält kein Aluminium.

Das Alq_3 scheint trotz mangelnder Energie zu diffundieren. Das SIMS-Profil der Proben deutet eine Diffusion der Aluminiumatome in das α-NPD an. Bei dem vorgenommenen Temperschritt mit einer Annealingtemperatur von 120 °C wird Alq_3 jedoch weder instabil noch glasartig. Eine Diffusion ist folglich nicht zu erwarten. Isoliert betrachtet ist dieses Ergebnis nicht erklärbar. Einen Hinweis geben jedoch die folgenden Untersuchungen zur Kristallisation.

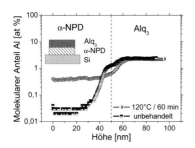

Abbildung 3.1.2: Veränderungen im tiefenaufgelösten Konzentrationsverhältnis von Aluminium

Tabelle 3.2: Schichtdickenänderung durch Annealing

Material	d_{vor}	d_{nach}
F_4-$TCNQ$	75 nm	66 nm
α-NPD	150 nm	142 nm
Alq_3	54 nm	52 nm

Die Veränderungen im SIMS-Profil und der Schichtdicke wurden durch einen Annealingprozess von 120 °C und 60 min initiiert. α-NPD enthält kein Al, Alq_3 enthält ein Atom Al pro Molekül.

Kristallisation

Überraschender noch als eine Diffusion ist die Bildung von Kristallen in beiden Materialien - sowohl im α-NPD als auch im Alq_3. Kristallisationseffekte waren nicht zu erwarten, da die Kristallisationstemperaturen (Tc_{Alq_3} = 177 °C, bzw. $Tc_{\alpha-NPD}$ = 184 °C) weit oberhalb der Annealingtemperatur (Ta = 120 °C) liegen. Die folgenden Rasterkraftaufnahmen (s. Abbildung 3.1.3) zeigen jedoch Kristalldomänen von Alq_3-Schichten (Mitte) und α-NPD-Schichten (Rechts) auf Silizium. Zum Vergleich ist links die Rasterkraftaufnahme einer amorphen Schicht Alq_3 dargestellt. Die gemessene Rauhheit ist dabei beim Alq_3 bis zu 2,5 mal höher, als die amorph abgeschiedene Gesamtschichtdicke vor dem Annealing.

Die Quantität und Größe der Kristalle ist dabei vorrangig abhängig von der Temperatur und steigt mit Erreichen der Glasübergangstemperatur sprunghaft an. Dieser Tatsache vorausgesetzt, ist das Ergebnis der SIMS-Messung als Diffusion des α-NPD in Hohlräume interpretierbar, die durch die Kristallisation des Alq_3 entstanden sind.

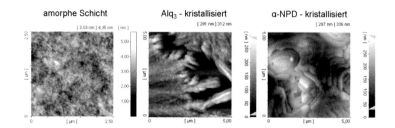

Abbildung 3.1.3: Auch bei einem Annealing, dessen Maximaltemperatur unterhalb der materialspezifischen Kristallisationstemperatur liegt, lassen sich Kristallisationseffekte in Alq_3 und α-NPD durch Rasterkraftaufnahmen nachweisen. Im Alq_3 entstehen kristalline Strukturen selbst bei Temperaturen unterhalb der Glasübergangstemperatur. Auch bei einem Annealing, dessen Maximaltemperatur unterhalb der materialspezifischen Kristallisationstemperatur liegt, lassen sich Kristallisationseffekte in Alq_3 und α-NPD durch Rasterkraftaufnahmen nachweisen. Im Alq_3 entstehen kristalline Strukturen selbst bei Temperaturen unterhalb der Glasübergangstemperatur.

Zusammenfassung

Die von H. Holleck für anorganische Festkörper vorgestellte Grenztemperatur des metastabilen Zustands betrug 1/3 der Kristallisationstemperatur Tc [53]. Für das organische Material Alq_3 konnte ab dieser Temperatur eine beginnende Kristallisation nachgewiesen werden. Der Kristallisationsgrad nahm mit Überschreiten der Glasübergangstemperatur Tg sprunghaft zu.

Die vorgestellten Untersuchungen legen daher nahe, die Regel von Holleck für organische Halbleiter zu erweitern. Die maximale Temperaturbelastung dünner organischer Schichten sollte 30 % Tc und 90 % Tg nicht überschreiten. Dabei ist die jeweils niedrigere Temperatur ausschlaggebend. Auf Grund der Vielzahl organischer Halbleiterverbindungen ist jedoch weder eine pauschale Aussage möglich noch sichergestellt, dass diese Empfehlung für alle Materialien Gültigkeit besitzt. Für die untersuchte OLED aus α-NPD und Alq_3 bedeutet dies ein Temperaturlimit von 60 °C.

Die Empfehlung einer maximalen Temperaturentwicklung von 30 % Tc_{min} bzw. 90 % Tg_{min} in den organischen Schichten wird nun als Grenzwert für alle folgenden Herstellungsschritte verwendet. Dies begrenzt den Parameterraum, in dem der Abscheideprozess optimiert werden kann, ohne das Bauteil nachteilig zu beeinflussen.

3.2 Physikalisch-thermische Gasphasenabscheidung

Einleitung und Motivation
Bei der Herstellung einer OLED aus dem PVD-Verfahren werden sowohl die organischen Halbleitermaterialien als auch das Material für die anorganische Deckelektrode zunächst mittels Erwärmung in die Gasphase überführt. Die Phasenübergangstemperatur der meisten organischen Materialien liegt zwischen $T = 100 - 350\,°C$. Messungen (s. Anhang A) ergaben, dass die geringe Wärmekapazität und Masse der übertragenen Teilchen nicht ausreicht, das Substrat signifikant zu erwärmen. Die Wärmestrahlung (P) der Verdampferzelle ist bei $T = 350\,°C$ ebenfalls vernachlässigbar (vgl. Gesetz von Stefan-Boltzmann: $P \sim T^4$).

Nach Abscheidung aller halbleitenden Schichten wird das Bauteil durch eine Deckelektrode abgeschlossen, die sehr häufig aus elementarem Aluminium besteht.

3.2.1 Eigenschaften des Abscheideprozesses

Die Wärmekapazität und die Verdampfungsenergie von Aluminium sind groß, selbst im Vergleich mit anderen Metallen wie Lithium oder Silber ($c_{V,Al} = 900\,\frac{kJ}{kg \cdot K}$, $E_{sv,Al} = 300\,kJ/mol$). Zudem ist die Phasenübergangstemperatur höher als bei der Abscheidung von organischen Molekülen. Während organische Materialien im Vakuum ($p < 1 \cdot 10^{-5}\,mbar$) eine Phasenübergangstemperatur von $100 - 350\,°C$ besitzen, muss nach Toombs et al. [106] die Temperatur des Aluminiums auf $812\,°C$ erhöht werden, bevor es verdampft. Für die Abscheidung einer 100 nm dicken Deckelektrode ergibt sich damit für die Aluminiumpartikel eine Konvektionsenergie von mehr als $25\,J/cm^2$. In

Verbindung mit der größeren Wärmekapazität übertragen die Aluminiumatome 5000 mal mehr Energie durch Konvektion als die organischer Moleküle einer vergleichbar dicken Schicht (s. Anhang A).

Hinzu kommt die höhere Belastung durch die Verluste des PVD-Systems. Sie werden in Form von Wärmestrahlung in die Kammer abgegeben und führen zum Anstieg des Kammerdrucks (vgl. Ideales Gasgesetz: $\frac{p}{T} = const.$ mit $V = const.$). Die Strahlungsleistung kann außerdem zu erheblicher Erwärmung der umliegenden Komponenten führen, wie in Abbildung 3.2.1 dargestellt.

Abbildung 3.2.1: Durch den Betrieb entstandene Anlassringe

Das Foto zeigt den Kammerboden einer UHV-Anlage aus der Sichtweise des Substrats. Zu sehen sind Anlassringe im Edelstahl des Kammerbodens. Sie umgeben die Verdampferquelle in konzentrischen Kreisen (runder Tiegel in der unteren Bildhälfte). Die Maximaltemperatur während des Betriebs kann anhand der Verfärbung auf 375 °C abgeschätzt werden [107]. Diese Temperatur liegt zwar nicht im Substrat vor, zeigt aber das Degradationspotenzial, das beim PVD-Prozess von Aluminium vorherrscht (vgl. die spezifizierte Temperaturgrenze von 60 °C für das untersuchte Bauteil aus Alq_3 und $\alpha\text{-}NPD$).

Die Erwärmung der Kammer kann dazu führen, dass Ablagerungen an der Kammerwand in die Gasphase überführt werden. Eine häufige Kontaminationsquelle ist beispielsweise Sauerstoff, der bei Wartungsarbeiten in die Kammer eindringt und sich im atomaren Gefüge der Wand festsetzt. Durch Erwärmung löst er sich wieder und wird vom Partikelstrom der Quelle in die Schicht getragen. Der Sauerstoff verbindet sich mit dem Aluminium und lagert sich als

3.2.1 Eigenschaften des Abscheideprozesses

Aluminiumoxid auf dem Substrat ab [108]. Die ansonsten hoch reflektierende Aluminiumschicht wird matt, grau und von körniger Struktur. Der Unterschied ist in den Mikroskopaufnahmen von Abbildung 3.2.2 dargestellt. Die Umwandlung von Al in Al_2O_3 verwandelt die leitfähige Schicht in einen Isolator, das Bauteil ist zerstört [109].

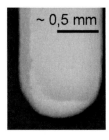
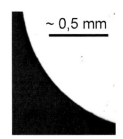

(a) Al_2O_3-Schicht   (b) Al-Schicht

Abbildung 3.2.2: Durch die Erwärmung kann Sauerstoff, der im atomaren Gefüge der Kammer eingelagert ist, in die Gasphase übertreten und sich mit dem Aluminiumdampf zu Aluminiumoxid verbinden. Die Mikroskopaufnahmen zeigen eine matte, körnige Schicht aus Aluminiumoxid und eine hochreflektive Aluminiumschicht.

Die Kontamination der abgeschiedenen Schicht ist eine indirekte Folge der Strahlungsleistung, die beim Verdampfen von Aluminium in die Kammer emittiert wird. Die Energiedichte der Wärmestrahlung des PVD-Prozesses ist jedoch ausreichend, die organischen Schichten auch direkt zu beeinflussen.

So ist beispielsweise der dunkle Schatten in der ansonsten gleichmäßig hellen OLED in Abbildung 3.2.3 (Bild a, linker und oberer Rand) auf thermisch bedingte, lokale Degradation zurückzuführen. Die lokale Beschränkung auf die Randzonen der aktiven Fläche wird dabei vom Trägersystem des Substrats verursacht. Das Substrat wird im Moleküldampf von einer dünnen Metallplatte kopfüber gehalten, der sog. Maske. Sie bedeckt das Substrat vollständig und ist nur dort durchbrochen, wo der Moleküldampf das Substrat beschichten soll

(s. Abbildung 3.3.3 (a)). Das Metall der Maske absorbiert die Strahlungswärme des Verdampfers besser als das gläserne Substrat. Wegen des mechanischen Kontakts zwischen Substrat und Maske wird ein Teil dieser Energie zusätzlich auf das Substrat übertragen. Die Maske ist der aktiven Fläche an den Rändern am nächsten. Es entsteht ein Temperaturgradient, der das organische Material an den Rändern stärker degradieren lässt.

(a) Inhomogen leuchtende OLED

(b) Unbeeinträchtigtes Vergleichsbauteil

Abbildung 3.2.3: Auf Grund der besseren Absorptionseigenschaften wird das metallische Trägersystem stärker von der Strahlung des Tiegels erwärmt als das Glassubstrat. Dieses liegt an den Rändern der aktiven Fläche auf dem Trägersystem auf. Dadurch werden die organischen Moleküle dort stärker erwärmt und teilweise zerstört. Es kommt zu einer lokalen Beeinträchtigung der Leuchtdichte (Rand links und oben in Bild (a)).

Zusammenfassend sind folgende Schädigungsmechanismen der organischen Schichten durch den PVD-Prozess möglich:

- Kontamination durch Sekundärverdampfung
- Schädigung des organischen Materials durch direkte Wärmeabsorption
- Schädigung durch Wärmediffusion erhitzter Teile mit thermischem Kontakt

Um die thermische Belastung der organischen Schichten während der Abscheidung der Aluminiumelektrode zu reduzieren, wird im Folgenden der Abscheideprozess untersucht. Hierfür wird der Einfluss der einzelnen Komponenten des Verdampfersystems auf die Temperaturentwicklung analysiert. Teile des Verdampfersystems werden weiterentwickelt, um die Temperatur von Kammer und Substrat zu reduzieren. Die Optimierungsmaßnahmen sollen dabei weder die Aufdampfrate senken noch die experimentellen Freiheitsgrade einschränken.

Um die thermische Belastung weiter zu reduzieren, folgt der mechanischen eine verfahrenstechnische Prozessoptimierung. Durch verschiedene experimentelle Messungen sollen Grenzen des Parameterraums abgesteckt und daraus Empfehlungen für die Prozessführung abgeleitet werden.

3.2.2 Der PVD-Prozess

Der prinzipielle Aufbau eines Systems zur physikalisch-thermischen Abscheidung ist sowohl für organische als auch anorganische Materialien gleich. Der Prozess ist in der Literatur eingehend beschrieben [10]. Daher wird an dieser Stelle das Ausgangssystem der Optimierungsmaßnahmen nur schematisch erklärt (s. Abbildung 3.2.4).

Das Substrat wird von einem Trägersystem gehalten und kopfüber in der Strahlkeule positioniert. Der Tiegel besteht aus einem Widerstandsheizleiter (z.B. Tantal, Wolfram oder Molybdän) und umgibt das zu verdampfende Material beispielsweise in Form einer oben offenen Box (sog. Schiffchen). Zugeführte elektrische Energie wird vom Heizleiter in thermische Energie umgewandelt und durch Wärmestrahlung oder Konvektion auf das zu verdampfende Material übertragen.

Die zugeführte elektrische Leistung wird während der Abscheidung so geregelt, dass die Temperatur im abzuscheidenden Material immer nahe der Übergangstemperatur zur Gasphase liegt. Daher wird immer nur ein Teil des Materials gleichzeitig verdampft. Die Reinheit der Schichten und infolge dessen die Effizienz des Bauteils hängen maßgeblich von der Güte des Vakuums ab [110].

Im Falle des verwendeten Systems werden die Mess- und Steuersignale über eine speicherprogrammierbare Steuerung (SPS) ausgewertet. Die Regelung der Heizleistung erfolgt über eine Phasenanschnittsteuerung. Neben dem Hintergrunddruck und der Aufdampfrate wird auch die Temperatur gemessen und als Regelgröße genutzt. Die Komponenten und Messgeräte sind in Anhang C aufgeführt.

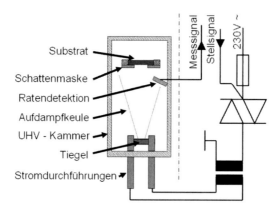

Abbildung 3.2.4: Schemazeichnung eines Systems zur physikalisch-thermischen Gasphasenabscheidung von Metallen und kleinen, organischen Molekülen.

Bei der Verdampfung von Aluminium ist die Verwendung eines Einsatzes (sog. Inlay) zwischen Heizleiter und abzuscheidendem Material erforderlich. Flüssiges Aluminium würde mit allen gängigen, metallischen Heizleitern (Molybdän, Tantal und Wolfram) reagieren. Es zersetzt die Heizleiter, lässt sie porös und spröde werden. Die Folge ist häufig ein Bruch des Tiegels. Die Lage des Trippelpunkts von Aluminium verhindert zudem die Sublimation bei $p = 10^{-7}\,mbar$; die Verdampfung erfolgt aus der Flüssigphase. Die Dichte flüssigen Aluminiums ist größer als die des Feststoffs. Außerdem verleihen ihm signifikante Adhäsionskräfte Fließeigenschaften von mehreren Millimetern pro Minute. Auf Grund dessen ist es dem flüssigen Aluminium möglich, Tiegelwände hinauf „zu kriechen" und in kleinste Poren einzudringen. Beim Wiedererstarren dehnt es sich aus und zerstört das umgebende Material.

Auch Einsätze aus Bornitrid oder Aluminiumoxid können diesem Effekt nur begrenzt begegnen. Auf das Inlay kann nur verzichtet werden, wenn anstelle eines metallischen Heizleiters ein keramisches Heizelement verwendet wird. Diese Verbundwerkstoffe bestehen beispielsweise aus Bornitrid oder Titanborid. Ihre Verwendung zieht jedoch grundlegende Veränderungen im gesamten Abscheideverfahren nach sich, die in Kapitel 4 behandelt werden.

3.3 Verfahrensentwicklung

Der beschriebene PVD-Prozess lässt sich physikalisch analysieren und in einzelne Verlustmechanismen separieren, deren Einfluss getrennt untersucht werden kann. Sie sind in Abbildung 3.3.1 schematisch dargestellt.

- Die Ankoppeleffizienz des Tiegels zum Inlay (1) und des Inlays zum Aluminium (2)

- Die Strahlungsverluste des Tiegels (3) und der elektrischen Kontakte (4)

- Der Wärmeabstrom durch die elektrischen Kontakte (5)

- Die thermische Strahlung, die von zuvor erwärmten Teilen der Kammer ausgeht (6)

- Die Wärmeabsorption des Trägersystems (7) und die Wärmediffusion zum Substrat (8)

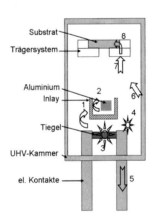

Abbildung 3.3.1: Schemazeichnung der Verlustmechanismen eines PVD-Prozesses

Dabei muss berücksichtigt werden, dass die zur Abscheidung nötige Temperatur im Tiegel vom verdampfenden Aluminium vorgegeben ist und nicht verändert werden kann. Die Effizienz des Systems ist somit am größten, wenn alle erzeugte, thermische Energie in das zu verdampfende Material übertragen wird. Um aus dieser Analyse konkrete Maßnahmen abzuleiten, müssen die einzelnen Verlustmechanismen zunächst quantifiziert werden. Hierfür wurde der Abscheideprozess modelliert und die simulierten Ergebnisse durch experimentelle Messergebnisse verifiziert (s. Anhang A). Dabei wird sowohl eine verfahrenstechnische als auch apparative Optimierung des Abscheideprozesses angestrebt.

Durch das Modell lassen sich verschiedene, erfolgversprechende Ansätze formulieren, die zu einer Reduktion der direkten (Wärmestrahlung) und indirekten (Wärmediffusion bzw. Sekundärverdampfung) Einflussnahme auf das Substrat beitragen können. Sie werden im Folgenden detailliert untersucht und lauten:

- Verringerung der maximalen Erwärmung kontaminierter Oberflächen

- Abschottung erwärmter Oberflächen in Richtung Substrat

- Verhinderung thermischer Diffusion vom Substratträger in die organischen Halbleiterschichten

- Reduktion der Strahlungsleistung durch verbesserte Wärmeankopplung von Heizleiter, Inlay und zu verdampfendem Material

- Reduktion der Prozesszeit und der Verweildauer im erwärmten Anlagenbereich

3.3.1 Apparative Untersuchung

Ankoppeleffizienz des Tiegels an das Inlay (1) und an das Aluminium (2)
Bei Umgebungsdruck ($p = 10^3 mbar$) beträgt die Partikeldichte rund $n = 10^{19} \frac{1}{cm^3}$. Im UHV, bei $p = 10^{-6} mbar$, beträgt sie nur noch $n = 10^9 \frac{1}{cm^3}$. Daher ist in Vakuumumgebung (ab etwa $p = 10^{-2} mbar$) der Wärmetransport durch Konvektion

3.3.1 Apparative Untersuchung

vernachlässigbar. Thermische Energie kann dann nur noch durch Wärmestrahlung oder -leitung übertragen werden. Dabei ist die Energieübertragung durch Wärmeleitung sehr viel effizienter als durch Wärmestrahlung. Dies führt dazu, dass selbst minimale Abstände zwischen Tiegel und Inlay den Energieübertrag nahezu vollständig unterbinden. Der Ankoppelwirkungsgrad ist daher wesentlich von der Fläche abhängig, an der sich Heizleiter und Inlay mechanisch berühren[1].

Wärmestrahlung des Tiegels (3), der Anschlüsse (4) und der Wände (6)
Bei der Verdampfung des Aluminiums wird der Tiegel auf über 812 °C erhitzt. Dies führt zu einer erheblichen Wärmestrahlung aller erwärmten Komponenten. Im Modellsystem wurde bei einer Abscheiderate von 20 nm/min eine Strahlungsleistung des Tiegels von 79 J/s ermittelt (s. Anhang A). Die Wärmestrahlung des Tiegels ist damit der größte Verlustmechanismus des gesamten Verfahrens, auch im Vergleich mit der Strahlungsleistung aller übrigen Komponenten (zusammen 3,1 J/s) oder anderer Verlustmechanismen.

Die Wärmestrahlung wird von den kälteren Oberflächen in die Kammer (z.B. dem Trägersystem, der Kammerwand oder dem Substrat) absorbiert und erhöht deren Temperatur. An der Kammeraußenwand wurden für einen Aufdampfprozess von 30 min Temperaturen von bis zu 45 °C gemessen (s. Abbildung 3.3.2 (a)). Dabei kann die Temperatur direkt bestrahlter Stellen im Inneren der Kammer deutlich über dem dargestellten Messwert liegen. Die Temperaturentwicklung ist im betrachteten Zeitraum nur abhängig von der Bestrahlungsdauer. Der thermodynamische Ausgleich im Dauerbetrieb würde nach Simulationsergebnissen erst bei über 250 °C erfolgen.
Diese Erwärmung kann dazu führen, dass sich Ablagerungen von den erwärmten Komponenten lösen bzw. in die Gasphase überführt werden. Die Ablagerungen können wie bereits erwähnt aus Sauerstoff bestehen, der während

---

[1]Wurde das Aluminium einmal eingeschmolzen, ist das Innere des Einsatzes vollständig mit Material bedeckt. Wegen der hohen Wärmeleitfähigkeit des Aluminiums kann zudem angenommen werden, dass der gesamte Tiegelinhalt stets die gleiche Temperatur besitzt. Der Ankoppelwirkungsgrad zwischen Aluminium und Inlay kann daher mit 100 % angenommen werden.

Wartungsarbeiten in die Kammer eingedrungen ist. Auch Nebenprodukte des Prozesses (Schlackebildung, Tiegelzersetzung) oder Reste von Verdampfungen anderer Quellen sind denkbar. Dieses Problem ist auch im großindustriellen Maßstab nicht lösbar (nach Angaben von Sintec GmbH).

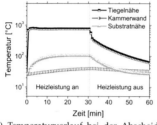 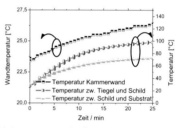

(a) Temperaturverlauf bei der Abscheidung von Aluminium

(b) Temperaturverlauf nach Einführung der beschriebenen Optimierungsmaßnahmen

Abbildung 3.3.2: Durch die Wärmestrahlung, die bei der PVD-Abscheidung von Aluminium entsteht, wird sowohl die Kammer als auch das Substrat erwärmt. Durch Einführung einer Wasserkühlung der elektrischen Kontakte und der Kammerwand sowie eines Strahlungsschirms um den Tiegel herum, kann die Temperaturenwicklung von Kammer und Substratumgebung wesentlich reduziert werden.

Die Kontamination des Substrats durch Partikel der Sekundärverdampfung kann unterbunden werden, indem das Substrat vor ihnen verdeckt oder ihre Entstehung unterbunden wird. So reduziert beispielsweise eine aktive Kühlung der Kammerwand die Temperatur derselben und infolge dessen auch die Menge des Sauerstoffs, der sich aus den Zwischenräumen des atomaren Gefüges löst. Außerdem kann ein Schirmblech sowohl die Strahlungswärme reflektieren als auch Kondensationsfläche für Partikel außerhalb der Aufdampfkeule bieten. Ein solcher Strahlungsschirm kann beispielsweise aus einem Edelstahlblech bestehen, das den Tiegel umgibt. Es besitzt nur in Richtung des Materialdampfes einen Durchbruch, reflektiert die Wärmestrahlung aller übrigen Raumrichtungen jedoch zum Tiegel zurück. Zwar entsteht zwischen Tiegel und Schirm dadurch ein Bereich, in dem die Wärmestrahlung eine höhere Leistungsdichte besitzt, auf

3.3.1 Apparative Untersuchung

Grund des Schirms können die Wärmestrahlung und die von ihr verursachten Sekundärpartikel aber nicht in Richtung Kammer oder Substrat emittiert werden.

Der Einfluss einer aktiven Kühlung der Kammerwand mit verschiedenen Medien und der Einfluss von Strahlungsschirmen auf das thermische Profil der Kammer wurden in Anhang A modelliert. Unter Verwendung einer Wasserkühlung der Kammerwand und eines Strahlungsschirms um den Tiegel konnte der Temperaturausgleich in der Kammer auf unter T_{Wand}=30 °C gesenkt werden (s. Abbildung 3.3.2 (b)). Gegenüber dem Temperaturausgleich vor der Optimierung ($\sim$ 250 °C) konnte nun auch im Dauerbetrieb (8 h) keine Al_2O_3-Bildung durch Sekundärverdampfung mehr festgestellt werden (vgl. Abbildung 3.2.2).
Die von der Wärmestrahlung verursachte Temperatur nahe dem Substrat sinkt von über 100 °C auf etwa 75 °C. (Die Temperaturmessung setzt voraus, dass die Wärmeabsorption des Messgeräts (Thermoelement Typ-K mit Aluminiummantel) dem der Stahlmaske des Trägersystems entspricht. Während der Temperaturmessung wurde der Tiegel ohne Material betrieben. Ein Energieübertrag durch Konvektion entstand daher nicht.)

Wärmeabstrom der elektrischen Kontakte (5)
Die elektrischen Kontakte bestehen aus Kupferzylindern, die durch keramische Isolierungen aus dem UHV-Bereich herausgeführt werden. Der Wärmestrom, der durch diese Anschlüsse vom Tiegel abfließt, kann erheblich sein. An den Anschlussstellen der elektrischen Zuleitungen wurden während der Abscheidung von 100 nm Aluminium Außentemperaturen von über 100 °C gemessen.
Für den Wirkungsgrad des Verdampfersystems wäre es günstig, die Temperaturdifferenz zwischen Tiegel und Kontakten möglichst zu verringern - die Temperatur der elektrischen Anschlüsse also zu erhöhen. Im Sinne der Betriebssicherheit jedoch wird an den Stromkontakten eine Wasserkühlung vorgesehen. Das Kühlwasser bewirkt eine definierte Temperatur der Kupferkontakte von 15 °C. Die aktive Kühlung stabilisiert den Temperaturgradienten zwischen Tiegel und Kontakten. Die Simulationen (s. Anhang A) ergaben, dass der Wärmestrom pro Kontakt in diesem Fall rund 2,5 J/s betragen kann.

Erwärmung des Substrats durch Absorption (7) und Diffusion (8)
Die Kontamination der dünnen Schichten durch Verunreinigungen aus der Sekundärverdampfung ist nur ein Aspekt der unerwünschten Einflüsse auf das Substrat. Ein anderer Effekt ist die direkte Schädigung des organischen Materials durch Erwärmung. Thermisch induzierte Degradationseffekte treten verstärkt auf, wenn die Schichttemperatur die Glasübergangstemperatur (Tg) der organischen Moleküle übersteigt (s. Kapitel 3.1). Die Glasübergangstemperaturen von häufig verwendeten, organischen Halbleitermaterialien sind in Tabelle 3.3 dargestellt.

Tabelle 3.3: Glasübergangstemperaturen von organischen Halbleitermaterialien

Material	Glasübergangstemperaturen (Tg) nach [104]
BPhen	56 °C
α-NPD	95 °C
F_4-TCNQ	62 °C
TPD	60 °C
TDATA	89 °C

Aus den Messungen zu Abbildung 3.3.2 (b) geht hervor, dass die Wärmestrahlung des Tiegels eine Temperatur von bis zu 105 °C nahe dem Substrat verursachen kann. Der Einsatz eines Strahlungsschilds ist für das Substrat nicht möglich, der Partikelstrom zwischen Quelle und Substrat erlaubt eine Abschattung nicht. Hinzu kommt die von den verdampften Aluminiumatomen übertragene Energie. Sie kann die Temperatur nahe der organischen Halbleiterschichten auf etwa 120 °C steigern [106].

Wie ein Vergleich mit Tabelle 3.3 zeigt, übersteigt die Prozesstemperatur damit die Glasübergangstemperatur von vielen organischen Halbleitermaterialien signifikant. Eine Beeinträchtigung der organischen Moleküle durch den Abscheideprozess des Aluminiums ist daher nicht auszuschließen.
Die Absorption des Glassubstrats selbst wurde im mittleren Infrarotbereich mit etwa 8 % gemessen. In Kombination mit der vergleichsweise geringen Masse des Substrats gegenüber dem Trägersystem ist die direkte Erwärmung daher

3.3.1 Apparative Untersuchung

vernachlässigbar. Die Absorptionseigenschaften dieses metallischen Trägersystems hingegen sind vergleichbar mit denen des Messfühlers. Es ist daher sehr wahrscheinlich, dass die gemessenen Temperaturen im Trägersystem erreicht werden. Wegen der hohen Wärmeleitfähigkeit des Metalls ist das Trägersystem zudem an allen Stellen gleich warm. Durch Wärmediffusion werden Teile der vom Trägersystem absorbierten, thermischen Energie an den Auflagepunkten des Substrats auf dieses übertragen (s. Abbildung 3.3.3 (a)).

Befinden sich die Auflagepunkte des Substrats nahe dem Rand der aktiven Fläche, wird der Rand der organischen Schicht stärker erwärmt als deren Zentrum. Wegen der geringen spezifischen Wärmeleitfähigkeit von Glas ($c_V = 1\,\frac{W}{mK}$) breitet sich die thermische Energie kaum im Substrat aus. Die Erwärmung findet nur nahe der mechanischen Kontaktstellen statt. Die Temperaturerhöhung kann zu einer lokalen Degradation des organischen Materials entlang der Auflagepunkte am Rand der aktiven Fläche führen (s. Abbildung 3.2.3).

(a) Trägersystem vor Optimierung   (b) Trägersystem mit Kavität

Abbildung 3.3.3: Durch Einführung einer Kavität können die Stellen thermischen Kontakts zwischen Substrat und Trägersystem vom Rand der aktiven Fläche zum Rand des Substrats verlegt werden. Auf Grund der geringen Wärmetransportkapazität des Glassubstrats reduziert sich dadurch die thermische Belastung der organischen Halbleiterschichten.

Auf Grund des geringen Hintergrunddrucks in der Kammer bewirkt schon ein geringer Abstand zwischen Trägersystem und Substrat eine hohe Wärmeisolation. Wegen der geringen spezifischen Wärmeleitfähigkeit des Glases ist zudem keine signifikante Wärmeausbreitung im Substrat zu erwarten. Die mechanischen Kontaktstellen zwischen Trägersystem und Substrat werden daher nicht in der Nähe der aktiven Fläche positioniert. Das Substrat erwärmt sich dann nur nahe der Auflagepunkte, nicht in der Nähe der aktiven Fläche.

Dieser Vorschlag lässt sich durch eine zusätzliche Kavität um den Rand der aktiven Fläche herum realisieren. Abbildung 3.3.3 (b) zeigt eine Querschnittzeichnung des weiterentwickelten Trägersystems. Die Substrattemperatur reduziert sich durch Einführung dieser Kavität von 120 °C auf (berechnete) 89 °C. Berücksichtigt man zusätzlich den vorgeschlagenen Strahlungsschirm und die Wasserkühlung für die Kammerwand, reduziert sich die Substrattemperatur (laut Simulation) weiter auf 47 °C.

Zusammenfassung der apparativen Entwicklung

Durch die vorgestellten Verbesserungsmaßnahmen ist es möglich, die maximale Substrattemperatur während des Abscheideprozesses unter die Glasübergangstemperatur der meisten organischen Halbleitermaterialien zu senken. Zudem lässt sich durch diese Maßnahmen eine Kontamination der Schichten durch Sekundärverdampfung nahezu vollständig vermeiden. Die apparativen Optimierungsmaßnahmen sind in Abbildung 3.3.4 schematisch dargestellt.

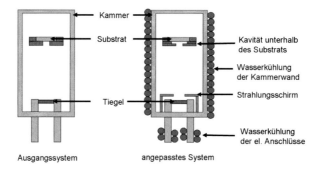

Abbildung 3.3.4: Die Einführung der schematisch dargestellten Optimierungsmaßnahmen erlaubt es, während der PVD-Abscheidung des Aluminiums die Temperatur des Substrats unterhalb der Glasübergangstemperatur der meisten organischen Halbleitermaterialien zu halten.

3.3.2 Verfahrenstechnische Optimierung

In den vorangegangenen Betrachtungen stand die apparative Optimierung des Verdampfersystems im Vordergrund. Dem schließt sich nun eine verfahrenstechnische Analyse des Abscheideprozesses an. Durch experimentelle Messungen sollen dabei die Grenzen des Parameterraums abgesteckt werden. Anhand dieser Ergebnisse werden Empfehlungen für die Prozessführung abgeleitet. Das Ziel der Untersuchungen ist dabei eine schnelle Abscheidung von Aluminium, die keine nachteiligen Auswirkungen auf die Funktion der darunterliegenden, organischen Schichten verursacht.

Die Prozessoptimierung ist insbesondere abhängig von der Abscheiderate. Eine hohe Abscheiderate führt bei konstanter Schichtdicke zu einer kürzeren Abscheidezeit. Dies ist im Hinblick auf die Taktzeit des Herstellungsprozesses von wirtschaftlichem Interesse. Die Abscheiderate hat jedoch auch Einfluss auf die Strahlungsleistung des Verdampfers. Bei konstanten geometrischen Verhältnissen in der Kammer ist die vom Substrat absorbierte Energie proportional zur Wärmestrahlung des Tiegels und der Prozesszeit ($E = P \cdot t$). Wie die Untersuchungen der apparativen Systemoptimierung gezeigt haben (s. Abbildung 3.3.2), steigt die Substrattemperatur mit der absorbierten Energie an ($Q = m \cdot c_V \cdot \Delta T$). Die Abscheiderate ist damit sowohl für einen schnellen als auch schonenden Prozess relevant.

Im Sinne einer kurzen Taktzeit ist die Steigerung der Abscheiderate von Interesse. Um das dabei auf die organischen Schichten wirkende Degradationspotenzial abschätzen zu können, muss ein Maß für die direkte als auch indirekte Einflussnahme des Abscheideprozesses betrachtet werden. Die direkte Einflussnahme auf die organischen Moleküle durch den Prozess erfolgt durch die Absorption von Wärmestrahlung im Trägersystem oder im Substrat. Die Substrattemperatur darf dabei die Glasübergangstemperatur der organischen Moleküle nicht überschreiten. Sie kann abgeschätzt werden, indem die Temperaturentwicklung in der Kammer beobachtet wird.
Eine Kontamination der Halbleiterschichten durch Material aus der Sekundärverdampfung ist der signifikanteste Beitrag zum indirekten Schädigungspotenzial. Die zusätzlichen Partikel sorgen für einen Druckanstieg, der ebenfalls

gemessen werden kann. Das thermisch induzierte Degradationspotenzial des Abscheideprozesses zu untersuchen ist somit möglich, wenn der Hintergrunddruck und die Temperaturentwicklung in der Kammer gemessen werden.

Versuchsaufbau

Hierfür wird eine 100 nm Aluminiumschicht auf ein Thermoelement abgeschieden und der Hintergrunddruck mit einer Weitbereichsmessröhre gemessen. Die Komponenten des Versuchsaufbaus sind in Anhang B aufgeführt. Die Ergebnisse sind in Abbildung 3.3.5 dargestellt und werden im Folgenden diskutiert. Eine chargenweise Abscheidung kann in drei Phasen gegliedert werden; die Aufheizphase, die Beschichtung und die Abkühlzeit des Tiegels. Das Substrat befindet sich dabei nur während der Beschichtung im Strahlungsbereich des Tiegels. Das Abscheidesystem wurde wie beschrieben apparativ optimiert.

Temperaturentwicklung

Bei einer PVD-Abscheidung mit kontrollierter Abscheiderate wird die Temperatur im zu verdampfenden Material so geregelt, dass immer nur eine gewisse Materialmenge zum selben Zeitpunkt die Phasengrenze überschreiten kann. Die Temperatur des übrigen Materials im Tiegel ist währenddessen nur ein wenig kleiner als die Phasenübergangstemperatur. Eine kleine Variation der Tiegeltemperatur führt daher zu großen Änderungen der Aufdampfrate. Abbildung 3.3.5 (a) zeigt das gemessene Temperaturprofil für vier verschiedene Beschichtungsraten. Das Substrat wurde dabei ab dem Zeitpunkt $t = 0$ in den Partikelstrom eingeführt. Die verschieden langen Beschichtungszeiten werden verursacht von den unterschiedlichen Abscheideraten bei konstanter Schichtdicke. Die Abscheidung beschränkt sich auf die ansteigende Flanke des Temperaturprofils. Für niedrige Abscheideraten ergibt sich dabei eine geringere Anstiegsgeschwindigkeit der Erwärmung, aber eine höhere Maximaltemperatur. Auf Grund der längeren Prozesszeit kann die Temperatur nahe dem Substrat auf bis zu 127 °C ansteigen. Dabei ist die Maximaltemperatur niedriger, je höher die Aufdampfrate ist.

3.3.2 Verfahrenstechnische Optimierung

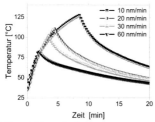
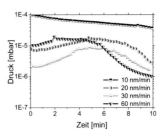

(a) Entwicklung der Substrattemperatur während der PVD-Abscheidung von Aluminium in Abhängigkeit von der Abscheiderate

(b) Entwicklung des Hintergrunddrucks während der PVD-Abscheidung von Aluminium in Abhängigkeit von der Abscheiderate

Abbildung 3.3.5: Mit steigender Abscheiderate steigt auch die vom PVD-System emittierte Leistungsdichte der Wärmestrahlung. Dies führt zu einem schnelleren Erwärmen des Substrats. Andererseits führt eine steigende Abscheiderate bei konstanter Schichtdicke auch zu einer kürzeren Beschichtungszeit. Daher ist trotz des schnelleren Temperaturanstiegs die Maximaltemperatur für große Abscheideraten kleiner als bei Prozessen mit geringer Abscheiderate.

Druckentwicklung

Die Erwärmung der Kammer kann zur Kontamination durch Sekundärverdampfung führen. Die von der Kammerwand emittierten Partikel steigern den Hintergrunddruck (vgl. Gesetz von Amontons: $\frac{p}{T} = const.$ für $V = const.$). Dies trägt zur Druckerhöhung während der Abscheidung bei, wie sie in Abbildung 3.3.5 (b) zu sehen ist. Auch die Verzögerung des erneuten Druckabfalls nach Abschaltung der Heizleistung ist darauf zurückzuführen. Die Erwärmung der Kammer führt zur Lösung von Partikeln von der Kammerwand und zu einem temporären Druckanstieg. Ein Teil dieser Partikel wird über die Pumpen abgesaugt. Nach erfolgter Erwärmung befinden sich daher weniger Partikel in der Kammer, die leicht abgelöst werden könnten. Der Hintergrunddruck stabilisiert sich auf einem niedrigeren Niveau. Diesen Effekt nennt man „Ausheizen". Er ist in Abbildung 3.3.5 (b) ebenfalls dargestellt.

Wird der Hintergrunddruck infolge einer Sekundärabscheidung stark erhöht, steigt die Energie, die für den Phasenübergang nötig ist, die Abscheiderate aus dem Tiegel sinkt. Um die Rate konstant zu halten, erhöht die Regelung die zugeführte Leistung, die Temperatur in der Kammer steigt weiter an. Dadurch kann sich wiederum der Hintergrunddruck erhöhen, der Regelkreis schwingt sich auf. Durch die Erhöhung von Temperatur und Druck kann zudem das im Tiegel lagernde Material thermisch zerstört werden.
Eine solche Übersteuerung kann den Kammerdruck um mehrere Größenordnungen anheben. Der selbe Effekt tritt auf, wenn von einem erhöhten Hintergrunddruck ausgegangen wird. Dieser Effekt erklärt den abweichenden Verlauf der Druckentwicklung für eine Abscheiderate von 10 nm/min in Abbildung 3.3.5. Sie ist auch für die Bildung von Aluminiumoxid auf dem Substrat verantwortlich [108].

Die Abscheiderate ist stabil, solange die prozessbedingte Erhöhung des Hintergrunddrucks nicht zu einer signifikanten Verschiebung der Phasenübergangstemperatur des zu verdampfenden Materials führt. In diesem Fall ist die Änderung der Abscheiderate so langsam, dass sie durch Regelung der Heizleistung kompensiert werden kann. Dies kann beispielsweise erreicht werden, indem der Hintergrunddruck durch eine hohe Saugleistung der Pumpen und eine ausgeheizte Kammer auf einem sehr niedrigen Niveau ($p < 10^{-7} mbar$) stabilisiert wird.

Eine andere Möglichkeit ist, die Abscheiderate sehr stark zu erhöhen. In diesem Fall dominiert die Emission des Tiegels die Sekundärverdampfung. (Verfahrenstechnisch bedeutet dieses Vorgehen eine Dominanz der Stellgröße des Reglerausgangs über die Störgrößen im System. Die Stellgröße wird soweit vergrößert, dass der Einfluss der Störgröße im Toleranzband der Regelung verbleibt.) Die Messungen zeigen für größer werdende Abscheideraten einen immer geringeren Einfluss der Sekundärverdampfung auf den Hintergrunddruck (s. Abbildung

3.3.2 Verfahrenstechnische Optimierung

Schlussfolgerungen

Aus den vorgestellten Messungen lassen sich folgende Empfehlungen zur Abscheidung von Aluminium auf organischen Halbleitern ableiten:

- Für eine Maximaltemperatur von 75 °C in Substratnähe muss die Dauer thermischer Belastung unter drei Minuten und die Verweildauer in der Kammer möglichst kurz gehalten werden.

- Daraus ergibt sich eine minimale Aufdampfrate von 35 nm/min.

- Für stabile Prozessparameter muss der Hintergrunddruck kleiner als $1 \cdot 10^{-5}$ mbar bleiben.

Kapitel 4

Hochratenbeschichtung

Einleitung und Motivation
Für die industrielle Herstellung von OLEDs ist die Beschichtungsgeschwindigkeit eine wichtige Kenngröße. Bei hoher Beschichtungsrate verkürzt sich die Verweildauer der Bauteile innerhalb der Anlage und die Anzahl der hergestellten Bauteile pro Zeitintervall steigt.
Außerdem haben die Untersuchungen der Verdampfung von Aluminium (s. Seite 81) gezeigt, dass der Einfluss des Prozesses auf das Substrat sinkt, je höher die Abscheiderate wird. Eine Anhebung der Abscheiderate führt somit sowohl zu einer Steigerung der Produktivität als auch zu einer geringeren thermischen Schädigung der OLED.

Eine Beschichtung mit sehr hohen Abscheideraten kann auf Basis einer sogenannten Flashsublimation [111, 112] realisiert werden. Dabei wird der Tiegel innerhalb weniger Sekunden so stark erhitzt, dass der gesamte Inhalt sofort in die Gasphase überführt wird. Bei diesem Hochratenverfahren wird somit das gesamte Material der Schicht zeitgleich abgeschieden.
Durch die hohe Leistungsdichte besteht jedoch die Möglichkeit, dass der Abscheideprozess Einfluss auf die Eigenschaften der abgeschiedenen Schicht oder des gesamten Bauteils nimmt. Die Eignung des Verfahrens zur Abscheidung der Schichten einer OLED wird daher in diesem Kapitel untersucht. Hierfür wird zunächst das Verdampfersystem analysiert und für die Verwendung im Herstel-

lungsprozess einer OLED weiterentwickelt. Die Optimierung des Verfahrens und dessen Einfluss auf die Schichtmorphologie werden dabei zunächst am Beispiel der Deckelektrode aus Aluminium untersucht. Dem schließt sich ein Übertrag der Ergebnisse auf die Abscheidung der organischen Schichten des Bauteils an.

4.1 Verfahrensbeschreibung

Die Hochratenbeschichtung durch Flashsublimation wurde bereits 1964 von P. Lloyd und H. Saltsburg entwickelt [109, 113]. Das Verfahren wurde seitdem industriell etabliert, beispielsweise bei der Herstellung von legierten, dünnen Metallschichten sehr unterschiedlicher Schmelzpunkte [111] oder in der Produktion von Braun'schen Röhren (nach: ESK-Ceramics GmbH). Sowohl das grundsätzliche PVD-Verfahren, als auch die Komponenten des Verdampfersystems bleiben dabei erhalten. Die Eignung dieses Verfahrens für die Abscheidung auf thermisch sensiblen, organischen Halbleiterschichten wird hier untersucht. Um die Ergebnisse der Prozessoptimierung konventioneller Aluminiumverdampfung (s. Kapitel 3.2) auf den Hochratenprozess übertragen zu können, werden im Folgenden die Unterschiede zwischen den Verfahren betrachtet. Sie bestehen insbesondere in der Höhe und dem zeitlichen Profil der zugeführten Heizleistung. Die daraus entstehenden Änderungen in der Verfahrensweise lassen sich wie folgt zusammenfassen:

- Die zur Verfügung gestellte Energie reicht aus, den gesamten Inhalt des Tiegels innerhalb weniger Sekunden in die Gasphase zu überführen.

- Der Tiegel wird bei jedem Prozess vollständig geleert. Er dient daher nicht als Materialdepot und muss vor jeder Abscheidung neu befüllt werden.

- Die Beschichtung ist so schnell, dass während der Abscheidung keine Regelung des Prozesses möglich ist. Das rategeregelte Verfahren wird durch eine Ablaufsteuerung mit vorgegebenem Rezept ersetzt.

Wegen der erhöhten Abscheiderate verkürzt sich nicht nur die Beschichtungszeit, sondern es verringert sich auch der Anteil der thermischen Energie, die vom Substrat absorbiert wird. Außerdem werden Komplikationen mit wiedererstarrendem Aluminium im Tiegel vermieden, da dieser bei jeder Abscheidung vollständig geleert wird.

4.1.1 Verdampfersystem

Der apparative Aufbau der Hochratenabscheidung unterscheidet sich nicht vom konventionellen Verdampfungssystem (s. Abbildung 3.2.4). Die veränderte Prozessführung bedingt jedoch konstruktive Modifikationen einzelner Komponenten. Sie sind in Abbildung 4.1.1 schematisch dargestellt und umfassen sowohl Teile der elektrischen Ansteuerung als auch mechanische Veränderungen. Sie werden im Folgenden separat beschrieben.

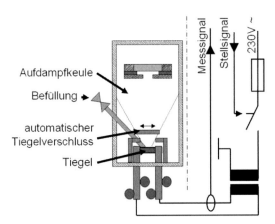

Abbildung 4.1.1: Schematischer Aufbau eines Systems zur Hochratenabscheidung organischer Halbleiter- und metallischer Kontaktmaterialien nach dem Prinzip einer Flashsublimation.

Elektrische Ansteuerung

Die benötigte elektrische Leistung für die Verdampfung von Aluminium wurde experimentell auf bis zu 3 kW ermittelt (vgl. 600 W im konventionellen Vergleichssystem). Sie wird dem Tiegel über kurzschlussfeste Ringkerntransformatoren mit einer Sekundärspannung von 11,5 V zugeführt. Die Leistung wird mit Hilfe eines Thyristorstellers im Phasenanschnittverfahren gesteuert (nicht dargestellt). Wegen der kurzen Prozessdauer ist eine Messung der Abscheiderate nicht möglich. Zur Prozesskontrolle wird daher die Ausgangsleistung über Strommesszangen gemessen. Die relevanten Parameter (Zeit, elektrische Leistung und Stellung des Tiegelverschlusses) werden vor der Abscheidung in einem SPS-Programm vorgegeben, welches den Prozess steuert.

Tiegel

Bei der Hochratenabscheidung können im Tiegel kurzzeitig Temperaturgradienten von mehr als 2000 $\frac{°C}{min \cdot mm}$ entstehen. Die Energieübertragung von einem metallischen Heizleiter an ein Inlay wäre zu langsam und ineffizient, um damit eine Hochratenabscheidung realisieren zu können. Daher wurden keramische Verbundmaterialien verwendet, die aus gesinterten Gemischen von TiB_2 und BN oder TiB_2, BN und AlN bestehen (s. Abbildung 4.1.2 (a)).

(a) Verbundwerkstofftiegel
oben: TiB_2-BN-AlN, ESK-Ceramics
unten: TiB_2-BN, Sintec GmbH

(b) Bewegliche, elektrische Anschlussstelle des Tiegels

Abbildung 4.1.2: Die bei der Hochratenabscheidung verwendeten Tiegel bestehen aus keramischen Verbundwerkstoffen. Auf Grund der starken Erwärmung während des Abscheideprozesses dehnen sich die Tiegel mechanisch aus. Dies kann zum Bruch der spröden Keramikheizleiter führen. Daher ist es nötig, die elektrischen Anschlussstellen flexibel auszuführen.

Sie verfügen neben einem geringen spezifischen Widerstand jedoch auch über einen hohen Wärmeausdehnungskoeffizienten. In Verbindung mit der hohen Sprödigkeit der Verbundkeramiken kann dies zum mechanischen Bruch des TiB_2-BN-Tiegels während der Abscheidung führen. Beim dreiwertigen Kompositmaterial erhöht der 22 %ige AlN-Anteil die thermische und mechanische Flexibilität so weit, dass sich der Tiegel insgesamt ausdehnen kann.

Kontaktierung

Der große Temperaturgradient, der bei der Hochratenabscheidung entstehen kann, führt im Verbundmaterial der Heizkeramik zu mechanischem Stress. Um diesen zu reduzieren, wird die Vorheizphase (vgl. (2) in Abbildung 4.1.3) eingeführt. Dadurch verringert sich der maximale Temperaturgradient um etwa 1/4. Dennoch kann die Längenausdehnung eines 55 mm langen Heizelements während eines Abscheideprozesses bis zu 1 mm betragen. Bei starren elektrischen Anschlüssen führt diese Verformung häufig zum Bruch des Heizleiters. Daher werden die oberen Backen der elektrischen Anschlüsse über Federn auf die Kontaktfläche der Heizkeramik gepresst. Eine hohe Strom- und Wärmeleitfähigkeit über die flexible Verbindung wird durch Graphitfolie zwischen Klemme und Heizkeramik sichergestellt (s. Abbildung 4.1.2 (b)).

4.1.2 Verfahrensprofil

Der wesentliche Unterschied zwischen der Hochratenabscheidung und dem in Kapitel 3.2 diskutierten, konventionellen Verdampferverfahren besteht in der Prozessführung. Der konventionelle Abscheideprozess stellt ein kontinuierliches Verfahren dar (das im Labormaßstab jedoch nicht als solches genutzt wird). Eine Flashsublimation hingegen ist grundsätzlich ein chargenweise arbeitendes Abscheideverfahren, das nicht kontinuierlich betrieben werden kann.

Der Hochratenprozess lässt sich in fünf charakteristische Schritte zerlegen, die in Abbildung 4.1.3 schematisch dargestellt sind. Zunächst wird der Tiegel mit dem zu verdampfenden Material befüllt (1). Dem folgt eine Vorheizphase (2), in welcher das System auf eine erhöhte Betriebstemperatur gebracht wird.

Der eigentlichen Abscheidung (3) schließt sich eine Nachheizphase an, um den Tiegel von eventuellen Rückständen zu reinigen (4). Nach 40 s Prozesszeit befindet sich das System wieder im Ausgangszustand (5). Das Verfahren ist damit fast 2 Größenordnungen schneller als eine konventionelle, chargenweise Aluminiumabscheidung.

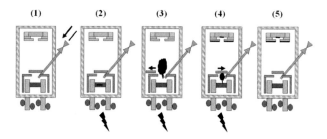

Abbildung 4.1.3: Bei einer Hochratenabscheidung wird zunächst der Tiegel mit dem Material befüllt (1). Nach einer kurzen Vorwärmphase (2) wird die zugeführte elektrische Leistung weiter erhöht und der Tiegelverschluss geöffnet; es kommt zur Abscheidung (3). Dem folgt eine Nachheizphase (4). Nach etwa 40 s ist die Abscheidung beendet (5).

Der Unterschied der Hochratenabscheidung zur konventionellen Verdampfung wird insbesondere im Verlauf des Stroms und der Leistung während der Abscheidung deutlich (s. Abbildung 4.1.4). Der dargestellte Prozess wurde für die Abscheidung von 100 nm Aluminium entwickelt. Die Abbildung zeigt die vom SPS-Programm vorgegebene Ausgangsleistung und der Strom, der durch den Tiegel fließt. Eine Ausgangsleistung von 100 % entspricht dabei einer elektrischen Leistung von 4,7 kW. Die im Prozessschema (s. Abbildung 4.1.3) dargestellten Phasen (1-5) sind am oberen Bildrand eingezeichnet. Der Stromverlauf ist charakteristisch für den Prozess. Durch experimentelle Beobachtung lassen sich verschiedene Entwicklungen während der Abscheidung unterschiedlichen Effekten zuordnen. Sie sind in Abbildung 4.1.4 mit den Buchstaben (a-e) gekennzeichnet und werden im Folgenden beschrieben.

4.1.2 Verfahrensprofil

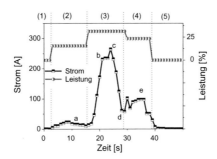

Abbildung 4.1.4: Zeitlicher Verlauf der elektrischen Leistung und des aufgenommenen Stroms während der Abscheidung einer 100 nm dicken Aluminiumschicht. Die für den Hochratenprozess charakteristischen Ereignisse sind mit Buchstaben (a-e) bezeichnet. Die Prozessphasen ((1)-(5) aus Abbildung 4.1.3) sind am oberen Bildrand angegeben.

Der Prozessverlauf der Hochratenabscheidung wird zur näheren Betrachtung in die Prozessphasen zerlegt. Die Prozessschritte (1) und (5) bezeichnen dabei den Ausgangs- bzw. Endzustand vor der Abscheidung. Dabei befinden sich alle Komponenten des Systems auf dem Temperaturniveau der Umgebung. Zwischen Heizkeramik und Substrat befindet sich außerdem ein beweglicher Wärmeschild, der das Substrat gegen den Tiegel abschirmt. Er wird von einem Schrittmotor automatisch gesteuert und ist nur während Phase (3) geöffnet. Die Wärmestrahlung während Vor- (2) und Nachheizphase (4) hingegen wird abgeschirmt. Die Stellung des Tiegelverschlusses wird im SPS-Programm vorgegeben.

Vorheizphase (2)
Während des Prozesses muss sich der Tiegel innerhalb von wenigen Sekunden auf über 850 °C erwärmen lassen. Der dabei entstehende Temperaturgradient führt zu einer mechanischen Ausdehnung des Verbundwerkstoffs. Dies kann in Verbindung mit der Sprödigkeit des Materials zum Bruch der Heizkeramik führen. Um den mechanischen Stress zu reduzieren, wird die Heizkeramik in der Vorheizphase auf eine Temperatur von etwa 500 °C erwärmt.

Das Schiffchen zeigt dabei NTC-Verhalten (*engl. negative temperature coefficient*), der Widerstand sinkt mit steigender Temperatur). Dadurch verkleinert sich der Temperaturgradient mit steigender Absoluttemperatur. Bei konstant zugeführter Leistung führt dies zu einer Stabilisierung des durch die Keramik fließenden Stroms (a).

Abscheidephase (3)
Nach erfolgter Vorerwärmung des Tiegels wird die elektrische Leistung weiter erhöht. Die thermische Energie reicht nun aus, das Aluminium zu schmelzen (b). Das geschmolzene Material überzieht die Tiegelinnenseite mit einem dünnen, hoch leitfähigen Aluminiumfilm. Über diesen Film kann zusätzlicher Strom durch den Tiegel fließen. Der Übergang vom flüssigen in den dampfförmigen Zustand erfolgt beinahe instantan; es kommt zur Abscheidung (c). Etwa 15 s nach Zuschalten der vollen Prozessleistung ist das Aluminium verdampft. Der Stromfluss und die Aufnahme thermischer Energie durch die Aluminiumschmelze brechen ab, der Strombedarf sinkt schnell (d).

Nachheizphase (4)
Um letzte Materialreste zu verdampfen und den thermischen Stress beim Abkühlen zu reduzieren, wurde eine Nachheizphase eingeführt. Für die Festlegung der Dauer dieser Phase muss die Temperaturstabilität des Verbundmaterials berücksichtigt werden. Wegen der noch hohen Temperatur ist der Widerstand des Tiegels vergleichsweise klein. Außerdem wird nun keine Energie mehr über die Konvektion der Aluminiumatome abgeführt, das Gleichgewicht aus Eigenerwärmung und Widerstand stabilisiert sich auf einem hohen Stromniveau (e). Dies kann nach Herstellerangaben dazu führen, dass sich die *BN*- und *AlN*-Verbindungen in Boroxid umwandeln und die Verbundkeramik zersetzen. Das Schiffchen verfärbt sich dabei silbergrau; das Boroxid tritt aus der Heizkeramik aus und schlägt sich auf Substrat und Wänden nieder. Um die Lebensdauer des Heizelements zu erhöhen, wird daher die Leistung während der Nachheizphase auf etwa 12 % gedrosselt und auf wenige Sekunden beschränkt.

4.1.3 Einfluss auf den Beschichtungsprozess

Im vorangegangenen Unterkapitel wurden die Unterschiede des Hochratenprozesses zum konventionellen Abscheideverfahren untersucht. Die Veränderungen im Prozessverlauf und dem Aufbau des Verdampfungssystems wurden eingehend beschrieben. Das differierende Verfahrensprofil führt zu einer kurzen, aber intensiven Emission von Wärmestrahlung. Gegenüber den Untersuchungen beim konventionellen Verdampfungssystem (s. Kapitel 3.2) verändert sich dadurch die Temperaturentwicklung in der Kammer und auf dem Substrat. Außerdem führt der größere Temperaturunterschied zu einem höheren Anstieg des Drucks in der Dampfkeule, was zu Veränderungen im Homogenitätsprofil der abgeschiedenen Schicht führen kann. Der Einfluss der Hochratenabscheidung auf die beschriebenen Parameter (Druck in der Dampfkeule, Temperatur und Schichtprofil) ist Gegenstand der folgenden Untersuchungen.

Temperaturverlauf

Die Erwärmung der organischen Schichten kann unerwünschte Degradationsmechanismen auslösen, wovon die Effizienz der OLED beeinträchtigt werden kann (s. Kapitel 3.1). Diese Effekte können durch die Wärmestrahlung, die bei einer Aluminiumbeschichtung in einem konventionellen Abscheidesystem entsteht, initiiert werden. Je nach apparativer Ausführung und verfahrenstechnischer Prozessführung kann nahe dem Substrat eine Temperatur von $65 - 120\,°C$ erreicht werden (s. Kapitel 3.2). Dabei führt eine höhere Beschichtungsrate zu niedrigeren Maximaltemperaturen (s. Abbildung 3.3.5 (b)). Dieser Trend setzt sich für den Hochratenprozess fort, wie Abbildung 4.1.5 (a) zeigt. Die Erwärmung nahe dem Substrat wurde mit maximal $2,4\,°C$ gemessen. Das entspricht einer Reduktion des Temperaturanstiegs von mehr als $90\,\%$ gegenüber dem konventionellen Vergleichsprozess.

Bei der Messung der thermischen Erwärmung ist jedoch zu berücksichtigen, dass das zeitabhängige Ansprechverhalten des organischen Materials nicht dem des Messfühlers entspricht. Die Ausgleichszeit des Thermoelements (Typ-K mit Aluminiummantel) beträgt nach Herstellerangaben etwa 1 s, die der Thermomessstreifen mehr als 10 s. Im konventionellen Beschichtungsprozess sind diese Fehlerquellen auf Grund der langen Messzeit von mehr als 20 Minuten vernachlässigbar. Im Falle der Hochratenabscheidung (15 s) ist dies jedoch relevant.

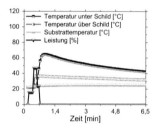
(a) Gemessene Temperaturverteilung

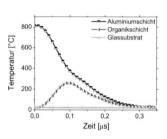
(b) Simulation der Substrattemperatur

Abbildung 4.1.5: Während der Abscheidung einer 100 nm dicken Aluminiumschicht erwärmt sich das Substrat beim Hochratenverfahren durch Konvektion der Aluminiumatome und Wärmestrahlung aus dem Tiegel um 2,4 °C. Beim konventionellen, optimierten PVD-Prozess beträgt die Erwärmung 55 °C (s. S. 81). Durch die schnelle Übertragung der Aluminiumatome auf das Substrat kann die Wärme dort nicht instantan abgeleitet werden. Es kommt zu einer kurzen Phase, in der das Aluminium auf dem Substrat in flüssiger Form vorliegt.

Hinzu kommt, dass der gesamte Tiegelinhalt nahezu gleichzeitig verdampft. Dadurch entsteht eine wesentlich höhere thermische Spitzenbelastung der organischen Schichten im Vergleich zum konventionellen Abscheideprozess. Der Einfluss dieser beiden Effekte soll mit einer Maximalwertanalyse abgeschätzt werden (s. Anhang B). Die Ergebnisse dieser Simulation sind in Abbildung 4.1.5 (b) dargestellt. Dabei ergibt sich für die organischen Schichten eine Maximaltemperatur von bis zu 260 °C. Diese Temperatur ist damit deutlich höher, als beim konventionellen Verdampfungsprozess (120 °C), auch wenn die Belastung nur etwa $0,2\,\mu s$ lang vorliegt. Für diese Simulation wurde angenommen, dass die thermische Energie der gesamten Aluminiumschicht instantan an der Grenzfläche zur organischen Schicht anliegt.

4.1.3 Einfluss auf den Beschichtungsprozess

Beim konventionellen PVD-Verfahren wird die kinetische Energie der Aluminiumatome unmittelbar beim Auftreffen auf das Substrat in dieses abtransportiert. Die Aluminiumatome rekondensieren sofort am Ort ihres Auftreffens, eine amorphe Schichtstruktur entsteht. Die hohe Abscheiderate führt beim Hochratenprozess dazu, dass der thermische Ausgleich nicht instantan erfolgen kann. Die Abkühlung der Aluminiumatome auf dem Substrat verläuft langsamer und erfolgt (wie schon bei der Erwärmung) durch die Flüssigphase. In dieser Zeit ist es den Aluminiumatomen möglich, durch Oberflächendiffusion eine Nahordnung auszubilden. Die Dauer dieser Flüssigphase ist dabei von der kinetischen Energie der Aluminiumatome, also indirekt von der zugeführten, elektrischen Energie beim Abscheideprozess abhängig. Berücksichtigt man den Schmelzpunkt von Aluminium (614 °C bei $p < 10^{-2}\,mbar$), kann die Dauer des flüssigen Zustands auf etwa 75 ns abgeschätzt werden. Dabei wurde angenommen, dass alle Aluminiumatome zeitgleich auf das Substrat auftreffen. Diese Flüssigphase konnte experimentell nachgewiesen werden. Der Nachweis und die Auswirkungen der entstehenden Nahordnung werden im folgenden Unterkapitel beschrieben.

Schichtdickenverteilung

Wird der Tiegel eines PVD-Systems erwärmt, entsteht ein Temperaturgradient zwischen dem Heizleiter und seiner Umgebung. Wegen der Proportionalität zwischen Druck und Temperatur bei konstantem Volumen, entsteht dadurch auch ein Druckgradient (vgl. Gesetz von Amontons: $\frac{p}{T} = const.$ für $V = const.$). Die gasförmigen Partikel werden aus dem erwärmten Bereich emittiert, eine Aufdampfkeule entsteht. Der Temperatur- und Druckgradient in der Aufdampfkeule ist dabei proportional zum Volumen, das die Partikel am betrachteten Ort innerhalb der Aufdampfkeule einnehmen.

Durch den vergleichsweise hohen Energieeintrag wird bei der Hochratenabscheidung in sehr kurzer Zeit eine große Partikelmenge in der Kammer generiert. Die erhöhte Partikeldichte führt zu Stößen zwischen den Teilchen, deren Einfluss nicht mehr vernachlässigt werden kann [114]. Unter der Annahme einer statistischen Gleichverteilung der Stoßrichtungen kommt es zu einer gaußförmigen Aufweitung der Aufdampfkeule, zusätzlich zur Aufweitung, die durch den Druckgradienten entsteht [91]. Diese Annahme ist eine starke Vereinfachung der tatsächlichen Gegebenheiten. Die Druck- und Temperaturgradienten sind vom Tiegel in Richtung Kammer orientiert und widersprechen damit den Voraussetzungen eines Maxwell'schen Gases. Diese Tatsache ist verantwortlich für die Diskrepanz zwischen Theorie und Experiment (s. Abbildung 4.1.6). Für die angestrebte Abschätzung ist diese Vereinfachung jedoch ausreichend.

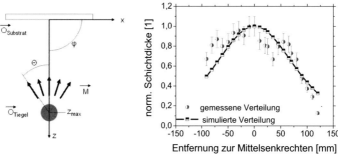

(a) Schemazeichnung und Formelkonstanten (b) Simulierte und gemessene Verteilung der Aluminium-Schichtdicke

Abbildung 4.1.6: Der große Temperaturgradient der Hochratenabscheidung führt gegenüber dem konventionellen Vergleichsprozess zu einer zusätzlichen Aufweitung der Aufdampfkeule. Bei gleichem Abstand zwischen Tiegel und Substrat vergrößert sich damit der Bereich, in dem die Schichtdicke um weniger als 10 % schwankt.

Abbildung 4.1.6 (b) zeigt den Vergleich zwischen experimentell ermitteltem Schichtprofil und der errechneten Partikelverteilung unter Einfluss des veränderten Prozesses. Die Messwerte wurden mit einem Nadelprofilometer bestimmt, das mathematische Modell ist in Anhang B beschrieben. Die Messung ergibt einen Durchmesser des Vertrauensbereichs von 68 mm bei einem Abstand von 160 mm zwischen Tiegel und Substrat. In diesem Bereich beträgt die Schichtdickenvariation maximal 10 %.

Eine direkte Vergleichsmessung des Schichtprofils von konventioneller Abscheidung und Hochratenprozess kann hier auf Grund apparativer Einschränkungen nicht erbracht werden. Diese Messungen werden jedoch an organischem Material in Kapitel 4.3 durchgeführt.

4.2 Abscheidung der Deckkontaktschicht

Auch wenn das prinzipielle PVD-Verfahren beim Hochratenprozess bestehen bleibt, kann die beschleunigte Abscheidung doch erheblichen Einfluss auf das Bauteil haben. Die Veränderungen können sowohl die Morphologie der abgeschiedenen Schicht als auch die charakteristischen Eigenschaften des gesamten Bauteils betreffen. Die Abhängigkeit dieser Effekte vom Abscheideprozess wird im Folgenden untersucht.

4.2.1 Schichtmorphologie

Die Simulation der Temperaturverteilung ergab eine Zeitspanne zwischen Abscheidung und Erstarren der Aluminiumatome auf der organischen Schicht von $50 \cdots 100\,ns$. In dieser Zeit ist die Oberflächenbeweglichkeit so groß, dass die Wechselwirkungskräfte zu benachbarten Atomen zur Diffusion führen können. Es kommt zur metallischen Gitterausbildung mit mikroskopischen Domänengrößen.

Mikrokristallisation
Die mikrokristalline Struktur der Aluminiumfilme aus Hochratenabscheidung konnte mit Röntgendiffraktometrie [115] nachgewiesen werden. Wie in Abbildung 4.2.1 (links) dargestellt, trat das Beugungsmaximum der (111)-Kristallrichtung des Aluminiums (38,05° nach [74]) nur bei der Schicht aus Hochratenabscheidung auf. Als Substrat wurde für beide Messungen ein Si-Wafer verwendet. Die nicht ausgebildeten Intensitätsmaxima weiterer Kristallorientierungen als auch die Relation des Messsignals zur Streuung am Substrat deuten

auf das Fehlen einer Fernordnung und sehr kleine (nm) Domänengrößen der kristallinen Ordnung hin.
In Aufnahmen mit dem Rasterkraftmikroskop unterscheiden sich die Schichten aus der Hochratenabscheidung (s. Abbildung 4.2.1 (rechts)) von konventionellen Vergleichsschichten durch eine gröbere Struktur bei vergleichbarer Oberflächenrauhheit. Der dargestellte Ausschnitt ist $2,5 \cdot 2,5\,\mu m^2$ groß, die Höhenauflösung beträgt 8 nm. Die lokale Aggregation auf Grund der orientierten Aluminiumatome ist ansatzweise erkennbar. Die Oberflächenrauhheit von 4,4 nm für die konventionell hergestellte Schicht und 3,6 nm für die Hochratenschicht sind vergleichbar. Die ebenfalls gleichgroßen Eindringtiefen in die organische Schicht (s. Seite 106) deuten auf einen atomar verteilten Aluminiumdampf während der Beschichtung hin.

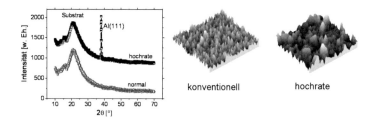

Abbildung 4.2.1: Die Röntgendiffraktometrie einer Aluminiumschicht aus dem Hochratenverfahren weist das Beugungsmaximum der (111) Kristallrichtung des Aluminiums auf. Dies deutet auf eine kristalline Morphologie ohne Fernordnung hin, ähnlich einer Pulverprobe. Die mikrokristalline Oberflächenstruktur ist auch in den Rasterkraftaufnahmen (rechts) ansatzweise zu erkennen. Die Oberflächenrauhheit verändert sich nicht.

Sintereffekt

Bei einer Sinterung treten nicht mehr einzelne Atome, sondern die metallischen Domänen miteinander in Wechselwirkung. Ihre Grenzen verschmelzen, es bildet sich ein einzelnes Gefüge mit mehreren Orientierungszentren aus. Wird die Energie weiter erhöht, können sich die Zentren (unter gewissen äußeren Bedingungen) zu größeren Strukturen umorientieren. Die Sinterung kann so

4.2.1 Schichtmorphologie

als energetische Vorstufe der Kristallisation interpretiert werden. Sie wurde in den Hochratenschichten nachgewiesen, (siehe Rasterelektronenmikroskopaufnahmen in Abbildung 4.2.2). Zu erkennen ist die mikrokristalline Struktur und die Kompaktheit der gesinterten Körner im direkten Vergleich zu einer konventionell abgeschiedenen Aluminiumschicht auf einem Si - Wafer. Dieser Effekt ist sowohl für die niedrige Permeation als auch für die hohe mechanische Stabilität und Reflexion der Hochratenschichten verantwortlich. Die Absenkung der Übergangswiderstände an den Korngrenzen ist zudem wesentlich für die Reduktion des Bahnwiderstandes (s. Tabelle 4.1).

(a) Konventionelle Aluminiumschicht   (b) Aluminiumfilm aus Hochratenverfahren

Abbildung 4.2.2: In den REM-Aufnahmen ist bei konventionell abgeschiedenen Aluminiumschichten eine nicht zusammenhängende Struktur kugelähnlicher Cluster zu erkennen. Bei der Aluminiumschicht aus Hochratenabscheidung hingegen sind die Zwischenräume versintert, die einzelnen Cluster weisen eine geordnete Oberflächentextur auf.

In der REM-Aufnahme (Abbildung 4.2.3 (a)) ist zu erkennen, dass die im Hochratenverfahren abgeschiedene Schicht keine Verbindung mit der darunterliegenden Schicht eingeht oder in diese eindringt. Ein solches Eindringen würde zu einem lokalen Ansteigen der elektrischen Feldstärke an der dünneren Stelle der organischen Schicht führen. Deren Folgen sind häufig in einer inhomogenen Helligkeitsverteilung der aktiven Schicht nachweisbar (s. Kapitel 2). Ortsaufgelöste Leuchtdichtemessungen an OLEDs mit Deckelektroden aus

100   ABSCHEIDUNG DER DECKKONTAKTSCHICHT

Hochratenabscheidung zeigten jedoch keine Tendenz zur inhomogenen Lichtemission. Dies ist ein weiteres Indiz dafür, dass durch den Hochratenprozess keine mechanische Beanspruchung der organischen Schichten zu erwarten ist.

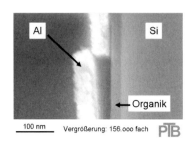
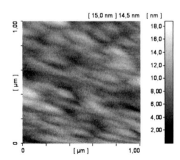

(a) REM-Aufnahme am Schichtbruch   (b) AFM-Aufnahme an Unterseite

Abbildung 4.2.3: Trotz der Mikrokristallisation kann kein Eindringen des Aluminiums aus der Hochratenabscheidung in eine darunterliegende Schicht aus organischem Material festgestellt werden. Die REM-Aufnahme eines Querschnitts durch ein solches Bauteil zeigt keine Verbindung oder Beeinträchtigung. Die Rauhheit der Aluminiumschicht ist auf Ober- und Unterseite vergleichbar.

Es wurde zudem eine Rauhheitsmessung an der Unterseite einer Aluminiumschicht aus dem Hochratenverfahren durchgeführt. Hierfür wurde die Aluminiumschicht auf einer organischen Schicht abgeschieden, mit Klebeband abgezogen und die organischen Reste mit Lösemittel entfernt. Mittels Rasterkraftmikroskopie (s. Abbildung 4.2.3(b)) wurde die Rauhheit der Unterseite im Anschluss gemessen. Sie entspricht sowohl der Rauhheit der Oberseite des Aluminiumfilms, als auch der Rauhheit einer unbedeckten organischen Schicht. Dieses Ergebnis deutet ebenfalls darauf hin, dass die Mikrokristalle erst auf dem Substrat und nicht schon im Tiegel oder in der Gasphase gebildet werden. Die größere Masse auftreffender Partikelcluster müsste nachweisbare Spuren in der organischen Schicht hinterlassen, was jedoch nicht beobachtet werden konnte.

4.2.1 Schichtmorphologie

Permeation und Dichte der Schicht
Werden die Domänen des Aluminiumfilms an den Kanten versintert, verdichtet sich dabei das allgemeine Schichtgefüge. Fugen und Hohlräume werden reduziert [116]. Die Dichte der Schicht kann indirekt über die Permeation P bestimmt werden. Sie bezeichnet die „Durchlässigkeit" (in $\frac{g}{m^2 \cdot tag}$) einer Schicht für einen Reagenten [96].

Für eine exakte Berechnung der Permeation fehlen sowohl verschiedene Materialkonstanten als auch ein stabiler Vergleichswert für Schichten aus dem konventionellen Abscheideprozess ($10^{-1} \ldots 10^{-3}\ \frac{g}{m^2 \cdot tag}$ [96]). Daher wird die Permeationsrate der Schichten aus dem Hochratenprozess (Index: hr) in Relation zur Permeation einer konventionellen Schicht (Index: kv) ermittelt. Nach [117] ist diese für eine Kalziumschicht messbar. Berücksichtigt werden dabei die Massenverhältnisse von Reagenz und reagierender Schicht $\frac{M_{Reagent}}{M_{OLED}}$, die Dicke der Barriereschicht δ, deren Dichte ρ und die geometrischen Verhältnisse:

$$P = -n \cdot \frac{M_{Reagent}}{M_{OLED}} \cdot \delta \cdot \rho \cdot \frac{l}{b} \cdot \frac{dR^{-1}}{dt} \qquad (4.2.1)$$

$$P_{hr} = P_{kv} \cdot \frac{\rho_{hr}}{\rho_{kv}} \cdot \frac{\frac{dR_{hr}^{-1}}{dt}}{\frac{dR_{kv}^{-1}}{dt}} \qquad (4.2.2)$$

Die komplexen Vorgänge während des Degradationsprozesses einer OLED sind nur in erster Näherung mit dem linearen Verhalten einer degradierenden Kalziumschicht vergleichbar. Im betrachteten Zeitinvervall von 75 h (s. Abbildung 4.2.4) kann die Degradation jedoch als linear angenommen werden. Bei konstantem Strom (I) ist die zeitabhängige Widerstandsänderung der OLED dann aus der Spannungscharakteristik ($U(dt)$) einer Lebensdauermessung ableitbar ($\frac{(1/R)}{dt} = \frac{I/U}{dt} = \frac{1/U}{dt}$). Diese Messung ist in Abbildung 4.2.4 (rechts) dargestellt. Als Reagenz diente Raumluft. Um elektrische oder morphologische Effekte des Prozesses auf die Halbleiterschichten auszuschließen, wurden beide OLEDs mit konventionell hergestellten Deckkontakten abgeschlossen. Die untersuchte Schicht (Al(*)) ist für die Funktion des Bauteils irrelevant.

102 ABSCHEIDUNG DER DECKKONTAKTSCHICHT

Das Schichtsystem der verwendeten OLED ist in Abbildung 4.2.4 (rechts) als Einschub dargestellt. Vernachlässigt man den Masseunterschied, der aus der veränderten Dichte ρ der Al(*)-Schicht im Gesamtbauteil resultiert, ergibt sich für den Hochratenprozess eine 3,5 mal geringere Permeation als beim konventionellen Prozess.

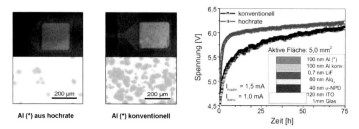

Abbildung 4.2.4: Untersuchung des Permeationsverhaltens einer Aluminiumschicht aus konventioneller- und Hochraten Abscheidung. Die Schichten wurden auf einer OLED abgeschieden. Gemessen wird die zeitabhängige Veränderung der Spannung des Bauteils bei konstantem Strom. Die geringere Durchlässigkeit verlangsamt die Entstehung von Darkspots in der aktiven Fläche.

Die aktiven Flächen der OLEDs aus der Lebensdaueruntersuchung sind in Abbildung 4.2.4 (a) nach 150 Betriebsstunden als Fotografie (oben) und als Mikroskopausschnitt (unten) abgebildet. Die Ausschnitte sind repräsentativ für die gesamte aktive Fläche. Die aktive Fläche der OLED mit Deckschicht aus dem Hochratenprozess weist dabei deutlich weniger inaktive Regionen auf. Lim et al. [97, 118] haben gezeigt, dass die Wachstumsgeschwindigkeit nichtleuchtender Regionen innerhalb der aktiven Fläche von der Permeationsrate der Deckschichten abhängig ist. Dabei führen Schichten mit höherer Permeationsrate zu einem schnelleren Wachsen der inaktiven Stellen.

Die kleineren inaktiven Flächen sind ein weiteres Indiz für eine geringere Permeationsrate der Aluminiumschichten aus dem Hochratenprozess im Vergleich zu konventionell abgeschiedenen Schichten. Diese Ergebnisse bestätigen zudem die Untersuchungen der Mikrokristallisation und der Sinterung.

4.2.1 Schichtmorphologie

Einfluss der Korngröße

Die mikrokristallinen Strukturen entstehen in dem Zeitraum, in dem die flüssigen Aluminiumatome sich auf der Oberfläche der organischen Schicht bewegen können. Je länger die Dauer zwischen Kondensation und Erstarrung der Aluminiumatome ist, desto weiter können sie auf der Oberfläche diffundieren und desto größere Kristalle können sich bilden. Die Zeit der Flüssigphase kann durch die Menge an Wärmeenergie beeinflusst werden, die den Partikeln bei der Verdampfung zugeführt wird. Dadurch erklärt sich der Zusammenhang zwischen zugeführter elektrischer Leistung des Verdampfers und der Kristallgröße (s. Tabelle 4.1). Bei AFM-Untersuchungen konnten mikrokristalline Strukturen mit einer Größe im Bereich der Schichtdicke beobachtet werden. Ein Einfluss auf die elektrischen Injektionseigenschaften der Aluminiumelektrode in die organischen Halbleiterschichten ergab sich nicht.

Tabelle 4.1: Schichtcharakterisierung verschiedener Aluminiumprozesse

Größe	Einheit	normaler Prozess	Hochratenprozesse verschiedener Leistung				
Leistung	[W]	430	840	1260	1680	2520	3360
Beschichtungszeit	[s]	> 240	90	75	45	45	45
Schichtdicke	[nm]	70	35	70	95	125	200
Rauhheit	[nm]	4,4	1,5	1,6	3,6	3,3	4,5
Bahnwiderstand	[$\mu\Omega \cdot cm$]	98	4,2	4,3	3,6	3,2	3,4
Korngröße	[nm]	amorph	50	59	67	71	83

Durch eine Erhöhung der zugeführten elektrischen Leistung wird der Temperaturgradient zwischen Tiegel und Umgebung größer. Den Aluminiumatomen wird mehr Energie zugeführt, was zu einer Beschleunigung der Partikel und einer kürzeren Verweilzeit in der Aufdampfkeule führt (s. Anhang B). Die Aufdampfkeule wird stärker fokussiert, die Schichtdicke steigt an (bei gleicher Menge zu verdampfenden Materials). Dieser Effekt ist verantwortlich dafür, dass trotz konstanter Materialmenge im Tiegel die Schichtdicke auf dem Substrat mit der zugeführten elektrischen Leistung ansteigt (s. Tabelle 4.1 (Zeile 3)).

Experimentell wurde ermittelt, dass für die Abscheidung einer 100 nm Aluminiumschicht der Tiegel mit 21 mg Material befüllt werden muss. Der Abstand zwischen Tiegel und Substrat beträgt 168 mm. Der Vertrauensbereich, in dem die Schichtdicke um maximal 10 % schwankt, wurde mit 68 mm Durchmesser bestimmt. Für einen Prozess mit 2,5 kW elektrischer Eingangsleistung ergibt sich dabei eine Materialausbeute von 16,7 %. Das entspricht einer 2,8-fach höheren Ausbeute gegenüber dem konventionellen Verdampfungsprozess.

Schichtwiderstand und Reflexivität

Während beim konventionellen Abscheideprozess eine amorphe Aluminiumschicht entsteht, konnten beim Hochratenprozess mikrokristalline Strukturen nachgewiesen werden. Der Einfluss der Korngröße dieser Strukturen auf den Schichtwiderstand wird nun untersucht. Hierfür muss zunächst ein Zusammenhang zwischen der Korngröße und dem elektrischen Widerstand der Schicht entwickelt werden.

Bei dünnen Metallschichten ist der Schichtwiderstand nicht mit dem eines Volumenkörpers vergleichbar. Wegen der geringen Schichtdicke können Volumen- und Grenzflächenwiderstände nicht vernachlässigt werden. Für mikrokristalline Schichten führen Neyts et al. [119] eine Näherung des Schichtwiderstands R ein. Sie ist abhängig von der Anzahl n der Grenzflächen, pro Wegstück l und der mittleren Kristallgröße d. Es gilt:

$$R_{Ges}(l) = R_{Volumen} \cdot n \cdot d + R_{Grenzfläche} \cdot n \quad (4.2.3)$$

Nach Ohring [10] gilt weiter [1]: $l = n \cdot d$, und $R = \frac{l \cdot \sigma}{A} = \frac{l \cdot \sigma}{h \cdot a} \rightarrow R \sim 1/h$.

Da die Schichten in Tabelle 4.1 nicht gleich dick sind, wird nicht ihr absoluter elektrischer Widerstand verglichen, sondern der Bahnwiderstand der Schichten ($Rs = R \cdot h$). Der lineare Einfluss der Korngröße auf den Bahnwiderstand ist in Abbildung 4.2.1 dargestellt. Die Korngröße der Mikrokristalle wurde aus AFM-Aufnahmen ermittelt.

---

[1] σ=spezifischer Leitwert, h=Schichtdicke, a=Einheitsschichtbreite

4.2.2 Abscheidung auf konventionellen, organischen Schichten

Dargestellt ist auch der Bahnwiderstand eines Volumenkörpers aus Aluminium ($Rb = 2,7\mu\Omega \cdot cm$). Der signifikante Unterschied zwischen Hochratenschichten und konventionell hergestellter Vergleichsprobe ist auf die hohe Leitfähigkeit der Mikrokristalle und die reduzierten Grenzwiderstände durch den Sintereffekt zurückzuführen.

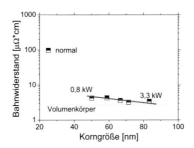

Abbildung 4.2.5: Die Mikrokristallisation und der Sintereffekt reduzieren den Bahnwiderstand einer 100 nm dicken Aluminiumschicht aus dem Hochratenverfahren signifikant gegenüber einer Schicht aus normaler PVD-Abscheidung. Mit größer werdender Abscheideleistung wachsen zudem die Mikrokristalle, was den Bahnwiderstand weiter reduziert.

4.2.2 Abscheidung auf konventionellen, organischen Schichten

Untersuchung an Bauteilen mit einer organischen Schicht

Bei den vorangegangenen Untersuchungen standen die Schichteigenschaften im Fokus des Interesses. Im Folgenden wird der Einfluss des Hochratenverfahrens auf die darunterliegenden, organischen Halbleiterschichten untersucht. Hierzu wird zunächst das elektrische Verhalten von Bauelementen mit nur einer Halbleiterschicht betrachtet und mit konventionell hergestellten Referenzbauteilen verglichen. Im zweiten Teil wird eine OLED mit konventionell abgeschiedenem Deckkontakt direkt mit einem Bauteil verglichen, dessen Deckelektrode durch den Hochratenprozess hergestellt wurde. Zuletzt folgt eine tabellarische Gegenüberstellung beider Abscheideverfahren am Ende des Kapitels.

106 ABSCHEIDUNG DER DECKKONTAKTSCHICHT

Die Aufnahmen in Abbildung 4.2.6 zeigen eine Aluminiumschicht aus dem konventionellen (links) und dem Hochratenverfahren (rechts) auf einer organischen Schicht aus Alq_3. Die körnige Struktur der konventionellen Schicht als auch der kristalline Charakter der Hochratenschicht sind zu erkennen. Der Schatten zwischen der Deckelektrode und der organischen Schicht resultiert aus dem bereits beschriebenen, asymmetrischen Bruchverhalten der Schichten aus der Hochratenabscheidung (s. Abbildung 4.2.7 (a)).

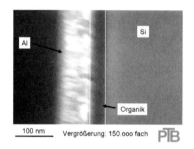
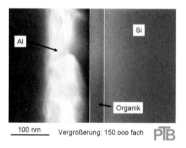

(a) Querschnitt einer konventionell abgeschiedenen Aluminiumschicht auf Alq_3

(b) Querschnitt einer im Hochratenverfahren abgeschiedenen Aluminiumschicht auf Alq_3

Abbildung 4.2.6: Sowohl die körnige Struktur der konventionell abgeschiedenen Aluminiumschicht als auch der mikrokristalline Charakter der Schicht aus der Hochratenabscheidung sind in den REM-Aufnahmen dargestellt. Der Sintereffekt führt bei den Schichten aus dem Hochratenverfahren zu einem asymmetrischen Bruchverhalten und ist verantwortlich für den Schatten unterhalb der Aluminiumschicht im rechten Bild.

Die elektrische Charakterisierung dieser Bauelemente zeigt eine Abhängigkeit des Strom- / Spannungsverhaltens von der zugeführten Heizleistung des Tiegels (s. Abbildung 4.2.7 (a)). Die Ergebnisse werden dabei mit einer konventionell abgeschiedenen Referenzprobe verglichen. Der Aufbau der vermessenen Bauteile ist in einem Einschub dargestellt.

4.2.2 Abscheidung auf konventionellen, organischen Schichten

Ist die Heizleistung zu klein, kann die spontane Verdampfung nicht initiiert werden. Dies ist am Beispiel eines Abscheideprozesses mit 1,7 kW Heizleistung dargestellt. In diesem Fall führt die Wärmestrahlung des Tiegels zu einer Erwärmung des Substrats und der organischen Schichten. Infolge dieser Erwärmung können Teile des organischen Materials nachhaltig geschädigt werden (s. Kapitel 3.1). Dies führt zu einer Abnahme der Stromleitfähigkeit.
Wird die Heizleistung über das Optimum hinaus erhöht, wird die Flüssigphase des Aluminiums auf dem Substrat verlängert. Durch die längere Penetrationsdauer können im organischen Material wiederum thermisch induzierte Degradationsmechanismen ausgelöst werden (s. Abbildung 4.2.7 (a) für 3,4 kW Heizleistung).
Im Optimum (hier bei 2,5 kW Heizleistung) wurde dieser Effekt nicht beobachtet. Die Stromdichtecharakteristik des Bauteils mit einer Aluminiumelektrode aus dem Hochratenprozess unterscheidet sich kaum vom konventionellen Vergleichsbauteil.

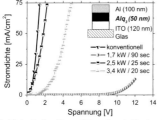
(a) Elektrische Bauteilcharakteristik in Abhängigkeit der Prozessleistung

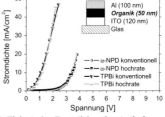
(b) Elektrische Bauteilcharakteristik für verschiedene organische Halbleitermaterialien

Abbildung 4.2.7: Werden die organischen Moleküle verändert (z.B. zerstört oder isomerisiert), ändern sich damit auch die elektrischen Transporteigenschaften. Diese Veränderungen können durch thermische Energie induziert werden (s. Kapitel 3.1). Die große Energiemenge, die bei der Hochratenabscheidung einer Aluminiumschicht auf die organischen Schichten übertragen wird (s. Abbildung 4.1.5 (b)), kann daher zu Veränderungen der Stromleiteigenschaften der organischen Schichten führen.

108 ABSCHEIDUNG DER DECKKONTAKTSCHICHT

Für diese Versuche wurde das Elektronentransportmaterial Alq_3 benutzt. Dieses Material ist für signifikante Veränderungen seiner Schichtmorphologie und elektrooptischer Charakteristik in Abhängigkeit der Schichttemperatur bekannt (s. Kapitel 3.1). Die Verschiebung ist möglicherweise auf eine Isomerisierung des Alq_3 zurückzuführen [120], wie sie im folgenden Kapitel 4.3 untersucht wird. Wie in Abbildung 4.2.7 (b) beispielhaft für zwei weitere organische Materialien dargestellt, ist das gefundene Optimum unabhängig von der verwendeten organischen Unterlage. Die Kennlinienvariation in Abhängigkeit des verwendeten Abscheideprozesses fällt hier sogar geringer aus.

Bauteilvergleich

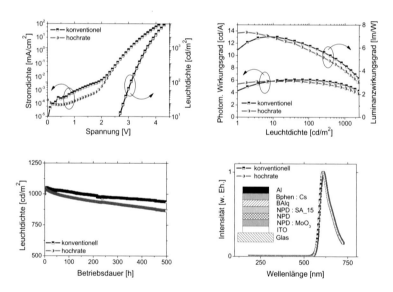

Abbildung 4.2.8: Bei geeigneter Prozessführung beeinträchtigt die Hochratenabscheidung der Aluminiumelektrode nicht die elektrooptischen Bauteileigenschaften der OLED. Sowohl die Effizienz als auch die Lebensdauer und das Emissionsspektrum des Bauteils bleiben erhalten. Die Prozessdauer reduziert sich unter Laborbedingungen um etwa eine Stunde.

4.2.2 Abscheidung auf konventionellen, organischen Schichten

Trotz der großen Unterschiede in Prozessführung und Schichtwachstum konnte kein negativer Einfluss des Hochratenprozesses auf die elektrooptischen Bauteileigenschaften nachgewiesen werden. Der direkte Vergleich einer konventionell hergestellten OLED und einem Bauteil, dessen Deckkontakt mit dem Hochratenverfahren abgeschieden wurde, ist in Abbildung 4.2.8 dargestellt. Sowohl der photometrische als auch der Luminanz- Wirkungsgrad, das Spektrum und die Lebensdauer sind dabei im Rahmen der Toleranz dieser Bauteile vergleichbar. Die Schichtfolge des verwendeten Bauteils ist in einem Einschub abgebildet.

Gegenüberstellung von konventionellem und Hochraten- Verfahren
In diesem Kapitel wurde bisher ein Hochratenverfahren zur Abscheidung von metallischen Deckelektroden auf organischen Halbleiterbauelementen vorgestellt; sein Einfluss auf die Schicht- und Bauteileigenschaften wurde eingehend untersucht. Ein Vergleich der wesentlichen Unterschiede zwischen einem konventionellen Verdampfersystem und dem vorgestellten Hochratenverfahren ist in Tabelle 4.2 dargestellt.

Tabelle 4.2: Gegenüberstellung von konventionellem PVD-Prozess und dem vorgestellten Hochratenverfahren bei der Abscheidung von 100 nm Aluminium

Bereich	Einheit	normal	Hochrate	Verbesserung
Beschichtungszeit	[s]	240	15	94 %
Verweildauer	[s]	1200	45	96 %
Materialausbeute	[μg / nm]	500	210	58 %
Substraterwärmung	[°C]	~ 80	2	97 %
Anlagenerwärmung	[°C]	~ 40	~ 0	~ 100 %
Rauhheit	[nm]	4,4	3,3	gleichwertig
Bahnwiderstand	[$\mu\Omega \cdot cm$]	98	3,2	97 %

Es konnten keine Veränderungen der elektrooptischen Bauteilcharakteristik, des Spektrums oder der Lebensdauer der OLEDs, der Filmrauhheit der abgeschiedenen Aluminiumschichten oder deren Eindringtiefe in darunterliegende organische Schichten festgestellt werden. Die Reflexivität erhöht sich im Falle von Aluminium um das 1,2-fache, insbesondere im blauen Spektralbereich. Eine kurze Flüssigphase fördert mikrokristallines Wachstum der Schicht. Ein zusätzlicher Sintereffekt reduziert den Bahnwiderstand. Die Permeation für Luft sinkt unter Verwendung des neuen Verfahrens um den Faktor 3,5. Die mechanische Stabilität der Schicht stieg signifikant, Haftungsuntersuchungen wurden nicht durchgeführt.

Nach Herstellerangaben von ESK-Ceramics und Sintec GmbH ist eine Verlängerung des Wartungsintervalls um das 5,5-fache zu erwarten.

Zusätzlich ermöglicht das Hochratenverfahren die Abscheidung von Legierungen, deren Bestandteile sehr unterschiedliche Phasenübergangstemperaturen besitzen. Die Herstellung organisch/anorganischer Verbundschichten aus einem einzigen Tiegel wird möglich. Die Abscheidung organischen Halbleitermaterials mit diesem Verfahren ist Gegenstand der folgenden Untersuchungen.

4.3 Abscheidung nichtmetallischer Schichten

Bisher wurde das Hochratenverfahren für die Abscheidung der metallischen Deckkontaktschicht auf organischem Halbleitermaterial benutzt. Es bietet gegenüber dem konventionellen Herstellungsverfahren ein signifikantes Einsparpotenzial an Zeit, Energie und Material. Die erhöhte Partikelenergie kann dabei jedoch zu morphologischen Veränderungen der Schicht führen, wie am Beispiel der Mikrokristallbildung von Aluminium nachgewiesen wurde. Um die Vorteile des vorgestellten Hochratenverfahrens auf das gesamte Bauteil zu übertragen, wird im Folgenden dessen Eignung zur Abscheidung organischer Halbleiterschichten untersucht.

Hierzu wird zunächst analysiert, welche Auswirkungen die schnelle Erwärmung während der Hochratenabscheidung auf die organischen Materialien hat. Dabei werden sowohl Schichten aus einem einzigen Material wie auch dotierte Schichten betrachtet, die aus zwei verschiedenen organischen Verbindungen bestehen.

4.3.1 Nichtmetallische Einzelschichten 111

Abbildung 4.3.1: Die abgebildete OLED wurde in einem kombinierten Hochratenprozess hergestellt. Dabei werden alle organischen und anorganischen Materialien aus denen das Bauteil besteht, in einem einzigen Herstellungsschritt aus demselben Tiegel abgeschieden. Die Prozesszeit beträgt etwa 2 Minuten.

Die Prozessführung des Hochratenverfahrens wird den veränderten Anforderungen des Abscheidematerials angepasst. Die elektrooptische Effizienz einer OLED aus Hochratenabscheidung wird mit einem konventionell hergestellten Referenzbauteil verglichen. Es wird eine Prozessführung entwickelt, die es erlaubt, ein vergleichbares Bauteil in weniger als 2 Minuten Gesamtprozesszeit abzuscheiden (s. Abbildung 4.3.1). Gegenüber einer konventionellen Abscheidung ergibt sich dabei eine signifikante Steigerung der Herstellungsgeschwindigkeit (vgl. 4 Stunden im Labor, bzw. 5-30 Minuten bei industrieller Fertigung).

4.3.1 Nichtmetallische Einzelschichten

Versuchsvoraussetzungen

Zur Bestimmung des Prozesseinflusses werden zunächst die physikalischen und elektrischen Veränderungen einzelner, durch Hochratenabscheidung erzeugter Schichten untersucht. Das Material liegt dabei in korpuskularer Form vor, wird über eine Analysenwaage (Auflösung: 0,01 mg) quantifiziert und portionsweise dem Tiegel zugeführt. Als konventionell hergestelltes Vergleichsbauteil dient das bereits vorgestellte Modellsystem mit den organischen Halbleitermaterialien Alq_3 und α-NPD nach Abbildung 1.1.2. Der Abstand zwischen Heizkeramik und Substrat beträgt bei allen Versuchen in diesem Kapitel $h = 232\,mm$. Um Einflüsse aus der Aluminiumabscheidung auszuschließen, wurden Bauteile aus dem Hochratenverfahren und der konventionellen Abscheidung jeweils mit Deckkontakten aus Hochratenabscheidung und konventionellen Verdampfungsprozessen beschichtet. Im direkten Vergleich resultierten aus dem geänderten Abscheideprozess des Deckkontakts keine messbaren Veränderungen der elektrischen Bauteileigenschaften. Die Ergebnisse bestätigen somit die Untersuchungen aus Kapitel 4. Die Schichten des Bauteils werden im Folgenden nacheinander untersucht.

4.3.2 Anorganische Injektionsschicht

Dem Aluminiumkontakt folgt in umgekehrter Schichtreihenfolge des Bauteils eine Ladungsträgerinjektionsschicht aus Lithiumfluorid. Auf Grund des hohen Schichtwiderstands und der chemischen Reaktionsfreudigkeit sind Einzelschichten aus LiF nicht als elektrische Kontaktschichten nutzbar. Sie werden bei organischen Halbleiterbauteilen daher überwiegend als dünne Injektionsschichten in Kombination mit einer Deckelektrode aus Aluminium verwendet. Die Elektroneninjektion in das darunter liegende Alq_3 erfolgt hauptsächlich über Tunnelprozesse [4], während Bandanpassungseffekte von untergeordneter Bedeutung sind [6]. Um Prozesszeit und Energie einzusparen, wird für die Abscheidung von LiF und Al ein kombinierter Hochratenprozess entwickelt. Er erlaubt es, LiF und Aluminium gemeinsam in einem einzigen Prozess zu verdampfen und dabei trotzdem separate Schichten zu erhalten. Die LiF-Schichtdicke mit der größten Injektionswirkung wurde in Versuchsreihen an konventionellen Verdampfersystemen zu 0,7 nm bestimmt [121].

Bestimmung des Verhältnisses von Schichtdicke zu Massen
Beim vorgestellten Hochratenverfahren wird bei jedem Prozess der gesamte Tiegelinhalt abgeschieden. Zur Abscheidung muss daher zunächst die Masse be-

4.3.2 Anorganische Injektionsschicht

stimmt werden, die für eine 0,7 nm dünne Schicht aus LiF im Tiegel deponiert werden muss. Neben der hohen Reaktionsfreudigkeit von LiF mit Luftsauerstoff erschwert auch die geringe Schichtdicke eine exakte Profil- bzw. Dickenbestimmung. Die zur Herstellung einer 0,7 nm dünnen LiF-Schicht benötigte Masse kann zudem nicht proportional zum Aluminiumbedarf abgeschätzt werden, da jedes Material eine eigene Dampfdruckcharakteristik besitzt.

Die Masse einer Schicht kann jedoch nach Ohring [10] aus den geometrischen Verhältnissen des Abscheidesystems ($l = 143\,mm$ und $h = 232\,mm$, s. Abbildung 4.1.6 (a)), der Schichtdicke ($d = 0,7\,nm$) und der Dichte der Schicht nach folgender Formel abgeschätzt werden:

$$m = \rho * \pi * d * \frac{(h^2 + l^2)^2}{h^2} \quad (4.3.1)$$

Nimmt man für das LiF dessen Feststoffdichte an ($\rho_{LiF} = 2,6\,g/cm^3$ [122]), lässt sich die benötigte Materialmenge in erster Näherung auf $m = 0,5\,mg$ abschätzen. Sie wird im Folgenden durch die Untersuchung des spannungsabhängigen Stromdichteverhaltens für verschiedene LiF-Massen optimiert.

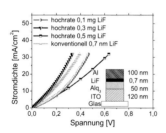

(a) Massenbestimmung

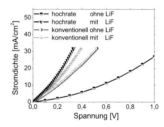

(b) Vergleich der Injektionseigenschaften

Abbildung 4.3.2: Die Schichtdicke der Injektionsschicht aus LiF beeinflusst maßgeblich die elektrische Charakteristik des Bauteils. Die Menge an LiF, die zur Abscheidung einer optimal injizierenden Schicht notwendig ist, wurde experimentell bestimmt. LiF und Al wurden dabei in einem kombinierten Prozess zeitgleich aus einem Tiegel abgeschieden.

Aus diesen Untersuchungen ergibt sich eine vergleichbare Effizienz der Ladungsträgerinjektion beim Einsatz von nur 0,3 mg LiF pro Schicht (s. Abbildung 4.3.2 (a)). Bei beiden Versuchsreihen wurde die organische Halbleiterschicht konventionell abgeschieden, während LiF und Al in einem kombinierten Hochratenprozess abgeschieden wurden. Der Prozess wird im Folgenden entwickelt.

Sublimationstemperaturen im kombinierten Prozess von LiF und Al
Das Material im Tiegel tritt in die Gasphase über, sobald die Temperatur der Phasengrenze beim vorherrschenden Druck erreicht ist. Der Zeitpunkt der Materialdeposition wird somit von der druckabhängigen Sublimationstemperatur des Materials und vom vorliegenden Temperaturgradienten bestimmt. Wird die Temperatur so schnell erhöht, dass Material A noch nicht vollständig den Tiegel verlassen hat, bevor Material B beginnt zu sublimieren, ergibt sich eine Mischschicht (siehe Unterkapitel 4.4.2). Im Falle einer langsameren Erwärmung kann die Abscheidung des ersten Materials (z.B. dem LiF) abgeschlossen sein, bevor das Material mit der höheren Phasenübergangstemperatur (z.B. das Aluminium) verdampft wird. Die Schichtreihenfolge ist in diesem Fall nur von der Reihenfolge der Phasenübergangstemperaturen abhängig.

Die Sublimationstemperatur von LiF bei einem Druck von $10^{-6}\,mbar$ kann über eine Kurvenschar vergleichbarer Materialien auf rund 500 °C abgeschätzt werden (siehe Abbildung 4.3.3 (a) nach [141]). Für das vorliegende Materialgemisch aus Al und LiF ergibt sich eine Temperaturdifferenz von etwa 200 °C. Für den entwickelten Prozess (Abbildung 4.3.3 (b)) ist dies ausreichend, LiF und Al in reinen Schichten sequentiell abzuscheiden. Um zu untersuchen, ob eine Mischschicht aus Al und LiF vorliegt, wurden Schichten aus einem kombinierten und aus zwei unabhängigen Hochratenprozessen verglichen. Eine Schwankung in der Schichtdicke des LiF hätte die Injektionseffizienz beeinträchtigt und hätte den Spannungsverlauf des Bauteils verändert (vgl. Abbildung 4.3.2). Eine solche Verschiebung war jedoch nicht nachweisbar.

4.3.3 Organische Schichten

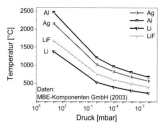
(a) Interpolation des Dampfdrucks

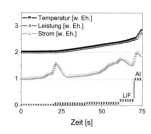
(b) Mehrstufiger Prozessverlauf

Abbildung 4.3.3: Der Zeitpunkt der Abscheidung von LiF und Al im kombinierten Hochratenprozess ist abhängig von der jeweiligen Sublimationstemperatur der einzelnen Materialien. Wegen der geringeren Phasenübergangstemperatur des LiF wird es bei Erwärmung des Tiegels früher abgeschieden. Daher bilden sich trotz kombinierter Abscheidung separate Schichten aus LiF und Al auf dem Substrat aus.

Die geringe thermische Leitfähigkeit des LiF führt dazu, dass sich während der Aufheizphase des Tiegels in den Salzkristallen ein Temperaturgradient ausbildet. Dieser kann mechanische Spannungen erzeugen, die stark genug sind, den Kristall aus dem Tiegel zu katapultieren. Um diesen Effekt zu unterbinden, wird die Vorheizphase verlängert und abgestuft (s. Abbildung 4.3.3 (b)). Der starke Stromanstieg bei etwa 20 s resultiert aus dem NTC-Verhalten des Heizleiters aus Verbundkeramik. Der Stromrückgang bei 60 s deutet das Ende der LiF-Sublimation an.

4.3.3 Organische Schichten

Der kombinierte Prozess zur Abscheidung von Aluminium und LiF reduziert die Abscheidezeit signifikant. Außerdem belegt er erstmals die Eignung einer Flashsublimation zur Hochratenabscheidung nichtmetallischer Schichten. Die Ausweitung des Anwendungsgebiets auf das LiF-Salz legt die Vermutung nahe, dass auch andere, nichtmetallische Verbindungen damit abgeschieden werden können - beispielsweise organische Moleküle. Daher wird im Folgenden untersucht, ob organische Halbleiterschichten mit dem vorgestellten Hochratenprozess abgeschieden werden können. Beim Hochratenverfahren ist die zur Abscheidung einer definierten Schicht nötige Energie kleiner als im konventionellen Prozess. Der sehr kurze Beschichtungszeitraum bedingt jedoch eine vergleichsweise hohe Maximalleistung und infolge dessen eine höhere Maximaltemperatur als im konventionellen Fall. Auf Grund der thermischen Sensibilität des organischen Halbleitermaterials (vgl. Kapitel 3.1) besteht bei der Hochratensublimation des organischen Halbleitermaterials daher ein erhöhtes Risiko herstellungsbedingter Vorschädigung. Die Abhängigkeit der Schichteigenschaften vom Herstellungsprozess wird nun untersucht. Der Prozesseinfluss auf die Schichteigenschaften wird, analog dem LiF, anhand elektrooptischer Messungen charakterisiert. Chemische und morphologische Veränderungen werden an einzelnen Schichten aus Alq_3 und α-NPD auf Silizium charakterisiert.

Die Schichten werden zunächst separat untersucht, um Interaktionseffekte (beispielsweise Durchmischung oder Grenzflächeneffekte) zu vermeiden. Auf Grund der vergleichsweise geringen Sublimationstemperaturen organischer Halbleitermaterialien von weniger als 300 °C wurde die Deckschicht aus Aluminium (analog des Vorgehens beim LiF) in einem kombinierten Prozess aus Al und organischem Material abgeschieden. Um einen möglichen Einfluss dieses Vorgehens zu untersuchen, wurden Vergleichsmessungen mit Bauteilen aus separaten Hochratenprozessen und vollständig konventioneller Abscheidung durchgeführt. Die Ergebnisse (s. Abbildung 4.3.5 (b)) zeigen jedoch keinen abweichenden Einfluss des kombinierten Abscheideprozesses gegenüber den Vergleichsverfahren.

Die Prozessoptimierung erfolgte analog dem Vorgehen, wie es bei der Abscheidung von LiF beschrieben wurde. Die Ergebnisse der Prozessoptimierung für die organischen Einzelschichten (ohne Aluminium) sind in Abbildung 4.3.4 (a) dargestellt. Der Toleranzbereich der Abscheideparameter (Leistung und Zeit für Vorheizphase und Sublimationsphase) erwies sich dabei als sehr klein (s. Abbildung 4.3.5).

4.3.3 Organische Schichten

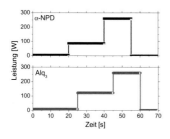

(a) Organische Hochratenprozesse

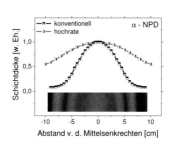

(b) Vertrauensbereich bei 150 mm Abstand

Abbildung 4.3.4: Wegen der thermischen Sensibilität der organischen Halbleitermaterialien ist der Toleranzbereich für die Prozessführung sehr klein. Der Hochratenprozess muss daher für jedes Material eigens optimiert werden. Wegen der Wärmeentwicklung kommt es im Vergleich zum konventionellen PVD-Prozess zu einer größeren Aufweitung der Aufdampfkeule, wie sie schon beim Aluminium beobachtet werden konnte (vgl. Abbildung 4.1.6 (b)).

Schichtdickenprofil

Wie für die Aluminiumbeschichtung gezeigt (s. Anhang B und Tabelle 4.1), führt die gesteigerte Energiedichte während der Sublimation zu einem erhöhten Dampfdruck des Materials gegenüber dem Hintergrunddruck. Dies hat eine Winkelaufweitung des Ausbreitungskegels zur Folge, die in Abbildung 4.3.4 (b) für α-NPD im direkten Vergleich zur konventionellen Quelle gezeigt wird [2]. Das Schichtdickenprofil wurde durch ortsaufgelöste Ellipsometrie nach einer Methode von Hermann et al. [105] bestimmt. Der Vertrauensbereich einer Schichtdickenvarianz von weniger als 10 % verdoppelt sich nahezu durch den Hochratenprozess. Der Bildeinschub im unteren Bereich der Graphik zeigt ein Foto der Newton'schen Interferenzringe der konventionellen Vergleichsabscheidung auf Si.

---

[2] Der Abstand zwischen Substrat und Tiegel wurde dabei für beide Messreihen um 40 mm reduziert, um den messbaren Schichtdickengradienten zu vergrößern. Im normalen Sublimationsabstand von 232 mm ist der Vertrauensbereich größer als die zur homogenen Substratbeschichtung benötigte Fläche.

Die Dichte der abgeschiedenen Schicht ist wesentlich von der Packungsdichte der Moleküle abhängig. Durch die Menge der beim Hochratenverfahren zeitgleich kondensierenden Moleküle erhöhen sich die Temperatur des Untergrunds und damit die Diffusionslänge der Partikel. Außerdem kann in der Zeit zwischen dem Übertritt in die Gasphase und dem Verlassen des Aufwärmbereichs bei einem größeren Temperaturgradienten eine höhere Wärmeenergie von den Partikeln absorbiert werden. Dies führt zu einer Abhängigkeit der Schichtdichte vom Energiegradienten des Tiegels. Analog zur Massenbestimmung des LiF (s. Seite 113) wird die Schichtdichte durch den gemessenen Durchmesser des Vertrauensbereichs berechnet. Die in der Literatur angegebene Dichte des α-NPD ($\rho_{\alpha-NPD} = 1,27\,\frac{g}{cm^3}$, [124]) kann dabei verifiziert werden ($m = 17,4\,mg, h = 192\,mm, l = 38\,mm, d = 109,6\,mm$). Bei Durchführung des selben Versuchs für Alq_3 ($m = 46,1\,mg, h = 192\,mm, l = 26\,mm, d = 133,3\,mm$) ergibt sich eine Dichte von $\rho_{Alq_3} = 2,88\,\frac{g}{cm^3}$. Diese differiert stark mit der Dichte, die in der Literatur für dieses Material angegeben wird ($\rho_{Alq_3} = 1,55\,\frac{g}{cm^3}$ [125]). Diese Diskrepanz setzt sich bei der Untersuchung der elektrischen Schichteigenschaften fort. Eine mögliche Erklärung wird in Kapitel 4.3.4 vorgestellt.

Elektrische Schichteigenschaften

Die Abscheideprozesse wurden mit dem Ziel einer möglichst geringen Einsatzspannung optimiert. Die Ergebnisse dieser Optimierung sind in Abbildung 4.3.5 für beide untersuchten organischen Materialien dargestellt.

Die Einsatzspannung erreicht ein Minimum, das bei α-NPD (rechts) jedoch noch um das 2,5-fache über der des konventionellen Referenzbauteils liegt. Um einen Einfluss des Abscheideverfahrens der Deckelektrode auszuschließen, wurden die Ergebnisse mit Referenzbauteilen verglichen. Dargestellt ist sowohl eine vollständig konventionell hergestellte Referenzprobe als auch ein Bauteil, in dem die organische Schicht und die Deckelektrode in separaten Hochratenprozessen abgeschieden wurden. Ein Unterschied durch den Herstellungsprozess der Deckelektrode ergab sich nicht.

Im Falle des Alq_3 (rechts) ist besonders auffällig, dass einzelne aktive Flächen identische Stromdichtecharakteristiken wie die Referenzbauteile aufweisen,

4.3.4 Isomerisierung

während nur wenige Millimeter entfernte Flächen auf demselben Substrat und während desselben Abscheideprozesses ein 16 mal höheres Einsatzverhalten zeigen. Die zugeführte Energie (das Integral der Leistung über der Zeit) ist dabei für alle dargestellten Prozesse gleich (weswegen sowohl Leistung, als auch Zeit variieren). Auf Grund der Wägeungenauigkeit der zu verdampfenden Materialportionen ergab sich eine Ungenauigkeit, die eine Schichtdickenschwankung von $\pm 8\%$ verursachen kann. Dieser Einfluss auf die spannungsabhängige Stromdichtecharakteristik erwies sich jedoch als vernachlässigbar klein gegenüber der hier dargestellten Bauteilvarianz.

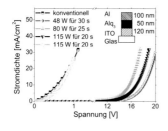
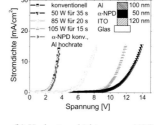

(a) Hochratenschichten aus Alq_3 (b) Hochratenschichten aus α-NPD

Abbildung 4.3.5: Die schnelle Erwärmung bei der Hochratenabscheidung kann die organischen Moleküle zerstören und die halbleitenden Eigenschaften beeinträchtigen. Der Prozessbereich mit geringer Degradationsfolge ist sehr klein und muss materialspezifisch optimiert werden. Trotz dieser Optimierung kann z.B. bei Alq_3 eine Isomerisierung beobachtet werden. Sie führt zu erheblichen Unterschieden in der elektrischen Charakteristik der Bauteile bei gleichen Abscheideprozessen.

4.3.4 Isomerisierung

Morphologische Untersuchungen an einzelnen Schichten aus Hochratenabscheidung lassen weder auf Kristallisation [8, 126] noch auf chemische Reaktionen schließen. Die Elektrolumineszenzspektren hergestellter OLEDs variieren jedoch in Abhängigkeit des verwendeten Herstellungsprozesses, wie in Abbildung 4.3.6 (a) dargestellt. (Der Prozess ist in Kapitel 4.4 beschrieben.)

Photolumineszenzmessungen [127] einzelner Emitterschichten aus Alq_3 auf Si bestätigen dieses Verhalten. Das Emissionsmaximum konventionell abgeschiedener Alq_3-Schichten liegt im grünen Spektralbereich ($\lambda_{max} = 523\,nm$). Es verschiebt sich mit steigender Prozessleistung erst in den höherenergetischen blauen ($\lambda_{max} = 506\,nm$), dann in den niederenergetischeren, rot-orangen Spektralbereich ($\lambda_{max} = 557\,nm$). M. Cölle hat eine Variation des Emissionsmaximums für verschiedene Isomere des Alq_3 mit vergleichbarer spektraler Verschiebung nachgewiesen [128].

Die gemessenen Spektren lassen sich als Gemenge der drei reinen Isomerspektren rekonstruieren, wie in Abbildung 4.3.6 (b, oben) am Beispiel des blauverschobenen PL-Spektrums einer Einzelschicht dargestellt.

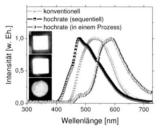
(a) Elektrolumineszunterschiede bei OLEDs gleicher Schichtfolge auf Grund des Hochratenprozesses

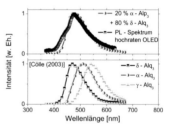
(b) Photolumenszenzspektren von verschiedenen Isomeren des organischen Halbleitermaterials Alq_3

Abbildung 4.3.6: Auf Grund der Erwärmung bei der Hochratenabscheidung kann es bei Alq_3 zu einer Isomerisierung kommen. Dadurch verschiebt sich das Emissionsspektrum der OLED signifikant. Die gemessenen Photolumineszenzspektren der OLEDs können durch eine gewichtete Überlagerung der Einzelspektren der verschieden isomerisierten Moleküle nachgebildet werden.

4.3.4 Isomerisierung

Bei Isomeren handelt es sich um Moleküle, deren Summenformel und chemische Struktur identisch sind und die sich nur in der räumlichen Anordnung der Atome unterscheiden. Im Falle des Alq_3 betrifft diese Stereoisomerie die Anordnung der Chinolinliganden um das zentrale Aluminiumatom [129].
Während im facialen Fall (Abbildung 4.3.7 (b)) sowohl die Stickstoff- als auch die Sauerstoffatome einen Tetraeder bilden, liegt im meridionalen Fall eine planare Struktur vor (Abbildung 4.3.7 (a)). Der Unterschied zwischen den Phasen gleicher Ligandenstellung besteht nach [120] in der chiralen Anordnung der Oktaeder. Die Emissionsmaxima der verschiedenen Isomere unter Photolumineszenzmessung (PL) sind in Tabelle 4.3 angegeben.

Die thermisch stabilste und in konventionell hergestellten Bauteilen vorherrschende Form des Alq_3 ist die α-Phase. Nach [128] geht sie oberhalb von etwa 350 °C reversibel in die δ-Phase über, wobei die exakte Umwandlungstemperatur proportional zum Gradienten der Erwärmung ist. Die δ-Phase ist bei Raumtemperatur stabil, reisomerisiert jedoch in Lösung bei Temperaturen größer -53 °C sofort wieder in die α-Phase zurück [130]. Bei γ-Alq_3 handelt es sich nach [128] um eine reine Hochtemperaturphase, die nach der Abscheidung nur erhalten bleibt, wenn der Schicht die thermische Energie so schnell entzogen wird, dass eine Rückisomerisierung nicht mehr erfolgen kann (in der Metallurgie wird dieses Verfahren als abgeschreckte Schmelze bezeichnet.).

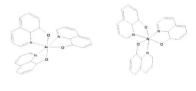

(a) mer-Alq_3 (b) fac-Alq_3

Abbildung 4.3.7: Strukturen von (a) meridionalem und (b) facialem Alq_3

Tabelle 4.3: Emissionsmaxima des Alq_3

Phase	Stellung	Maximum
α	mer	$\lambda_{max} = 515\,nm$ [131]
β	mer	unbekannt [130]
γ	fac	$\lambda_{max} = 547\,nm$ [128]
δ	fac	$\lambda_{max} = 480\,nm$ [130]

Die thermische Energie der zu verdampfenden oder zu sublimierenden Moleküle steigt über die Temperatur der Phasengrenze an, wenn die Energiezufuhr schneller erfolgt, als die Partikel sich vom Tiegel entfernen können. Im Falle der Hochratenabscheidung ist dies durch Strahlungserwärmung nahe dem Tiegel möglich. Im konventionellen Fall kann die Energie weder schnell genug zugeführt werden, um die Isomerisierung von α-Alq_3 in δ-Alq_3 auszulösen, noch entzogen werden, um die Reisomerisierung der γ-Phase zu verhindern. Daher sind von konventionell hergestellten Bauteilen keine orange- oder blauleuchtenden OLEDs mit Alq_3 als Emitter bekannt.

4.4 Hochratenbauteile

4.4.1 Prozessoptimierung für Hochratenschichten

Bei der vorgestellten Hochratenbeschichtung ist somit eine künstliche Verlangsamung des Abscheidevorgangs notwendig, um dem Material nach Überschreiten der Phasengrenze genügend Zeit zu geben, den Tiegel ohne weitere Energieaufnahme zu verlassen. Hierfür wird das Ansprechverhalten des Tiegels untersucht und die Energiezufuhr den veränderten Materialbedingungen angepasst.

Prozessoptimierung der organischen Hochratenabscheidung
Der Tiegel stellt eine Temperaturregelstrecke dar, deren Ausgleichsverhalten die Gesamtprozessdauer überschreitet. Für eine Sollwertänderung, die der Maximalleistung des Aluminiumprozesses entspricht, wurde eine Ausgleichszeit von 72 s gemessen, die einzelnen Prozessschritte dauern etwa 15 s. Im betrachteten Zeitraum der Abscheidung ist das Ansprechverhalten des Tiegels somit nahezu rein integrativ (siehe Abbildung 4.4.2 (a)). Die Graphik 4.4.1 zeigt das Ansprechverhalten (die Reaktion) einer solchen Regelstrecke auf die drei prinzipiell möglichen Sprungantworten proportionalen (P), integrativen (I) und differentiellen (D) Regelverhaltens nach [132]. Die schraffierten Bereiche skizzieren dabei die Lage und Dauer eines (fikiven) Abscheidezeitraums, indem die Tiegeltemperatur nahe der Sublimations- bzw. Verdampfungstemperatur ist.

4.4.1 Prozessoptimierung für Hochratenschichten

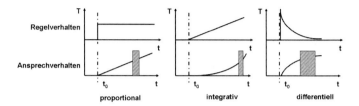

Abbildung 4.4.1: Um organisches Halbleitermaterial mit dem Hochratenverfahren abscheiden zu können, muss die Prozesszeit künstlich verlängert werden. Wird der Temperaturgradient nahe der Phasenübergangstemperatur des Materials möglichst klein gewählt, bekommt das Material ausreichend Zeit, den erwärmten Bereich nahe dem Tiegel zu verlassen, ohne zusätzliche Energie aufzunehmen (schraffierte Bereiche). Die Abbildungen zeigen schematisch die Temperaturentwicklung im Tiegel für verschiedene Ansteuermöglichkeiten um die Energiezufuhr zum Tiegel zu erhöhen.

Um dem Material Zeit einzuräumen, den Erwärmungsbereich nach Überschreiten der Phasengrenze zu verlassen, muss der Temperaturgradient nahe der Sublimations- oder Verdampfungstemperatur klein gewählt werden. Dies ist für differentielle Regler der Fall, sofern der Temperaturausgleich bereits erfolgt ist, also eine möglichst lange Zeit zwischen t_0 und dem Abscheidezeitraum liegt. Im Falle eines Proportionalreglers ergibt sich ein ähnlicher Verlauf, wenn die Sprungantwort möglichst klein ausfällt. In diesem Fall ergibt sich ein langsamer Temperaturanstieg. Auf Grundlage dieser Überlegungen wurde das Temperaturverhalten des Tiegels den Bedürfnissen des organischen Materials angepasst, wie in Abbildung 4.4.2 gezeigt. Der Abscheidezeitraum ist dabei wiederum schraffiert dargestellt.

Die Abscheidephase des Prozesses verlängert sich damit im Vergleich zum Vorgehen bei der Abscheidung der anorganischen Materialien. Auf Grund der vergleichsweise geringen Temperaturbelastungen des Tiegels kann aber im Gegenzug auf die Vorwärmphase verzichtet werden. Der Prozess ist damit noch immer 15x kürzer als die konventionelle Gasphasenabscheidung.

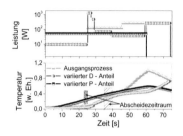
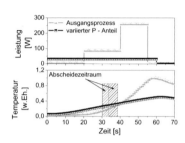

(a) Optimiertes Regelverhalten für Alq_3 (b) Optimiertes Regelverhalten für α-NPD

Abbildung 4.4.2: In erster Näherung ist die Temperatur des Tiegels proportional zum zeitlichen Integral der zugeführten elektrischen Leistung. Daher kann durch Wahl einer vergleichsweise kleinen Leistung über einen langen Zeitraum der Temperaturgradienten des Tiegels weit genug reduziert werden, um den Effekt der Isomerisierung des Alq_3 durch den Hochratenprozess vollständig zu vermeiden.

Die Wirksamkeit der Maßnahmen wird am Emissionsspektrum der Bauteile und deren Effizienz in Relation zu konventionellen Vergleichsbauteilen gemessen. Alq_3-Schichten, die unter Berücksichtigung dieser Prozessanpassung aus dem Hochratenverfahren hergestellt worden sind, zeigen keine spektrale Verschiebung der Emissionsspektren mehr. Die Bauteilcharakteristik ist im direkten Vergleich zum Referenzbauteil aus konventioneller Abscheidung in Abbildung 4.4.3 dargestellt. Das Bauteil entspricht dem Schichtaufbau aus Abbildung 1.1.2.

Das neue Bauteil wurde in einem einzigen, mehrstufigen Prozess hergestellt. Dabei befinden sich die Materialien aller organischen und anorganischen Schichten zeitgleich im Tiegel. Bei konstanter Energiezufuhr steigt die Tiegeltemperatur kontinuierlich an. Die Schichtreihenfolge ergibt sich dabei in aufsteigender Reihenfolge der Sublimations- oder Verdampfungstemperaturen der einzelnen Materialien. Für das gewählte Beispiel aus α-NPD, Alq_3, LiF und Al entspricht dies dem gewünschten Aufbau, wobei die Energie stufenweise auf die einzelnen Abscheidetemperaturen erhöht wird (s. Abbildung 4.4.2). Diese liegen

4.4.2 Schichten aus mehreren Komponenten

weit genug auseinander, um keine Mischschichten entstehen zu lassen. Die Schichtdicke wird über die eingebrachte Materialmenge vorgegeben. Dem ersten Prozess geht eine Vorwärmphase voraus. Für alle weiteren Schichten dienen die Temperaturniveaus der vorangegangenen Abscheidephasen als Vorerwärmung.

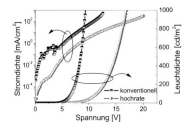
(a) Leucht- und Stromdichtevergleich

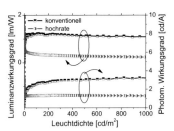
(b) Vergleich der Wirkungsgrade

Abbildung 4.4.3: Der direkte Vergleich der elektrooptischen Charakteristik von OLEDs aus konventioneller- und Hochratenabscheidung zeigt, dass die Einsatzspannung des konventionellen Bauteils nur etwa halb so groß ist. Eine mögliche Ursache kann beispielsweise ein unbekannter Isomerisierungseffekt im α-NPD sein (vgl. Abbildung 4.3.5). Das Bauteil aus dem Hochratenverfahren wurde in einem kombinierten Abscheideprozess in etwa 2 Minuten Prozesszeit hergestellt.

4.4.2 Schichten aus mehreren Komponenten

Nahezu alle hocheffizienten organischen Bauteile aus thermischer Abscheidung beinhalten Schichten, die aus mindestens zwei Materialien zusammengesetzt sind [133]. So werden beispielsweise Emittermoleküle in ein Ladungstransportmaterial mit großer Bandlücke dotiert [134, 135] oder die Energieniveaus von Transportschichten durch Kombination verschiedener Materialien bauteilspezifisch angepasst [136].

Dabei handelt es sich zumeist um homogen durchmischte Schichten, bei denen das Konzentrationsverhältnis über den gesamten Schichtquerschnitt konstant ist. Um die Effizienz des Bauteils zu steigern, wird jedoch auch versucht, die Rekombinationszone zu verbreitern [105] oder die Exzitonendichte zu erhöhen. Dies kann erreicht werden, indem die Zusammensetzung der Schicht in Abhängigkeit der Schichtdicke im Bauteil variiert wird [91]. D. Ma et al. [99] zeigten für das vorgestellte Bauteil aus α-NPD und Alq_3 eine Effizienzsteigerung von 50 % unter Verwendung eines Konzentrationsgradienten in der OLED. Dabei veränderte sich die Einsatzspannung nicht.

Befindet sich das Substrat im Abscheidezentrum verschiedener Sublimationszellen, kann die Dotierkonzentration der Schicht über das proportionale Verhältnis der Abscheideraten eingestellt werden [7]. Im Falle homogener Durchmischung ist das Ratenverhältnis über den gesamten Abscheidezeitraum konstant. Bei graduellen Schichten kann es durch zeitliche [137] oder räumliche [99] Variation gezielt beeinflusst werden (s. schematische Darstellung in Abbildung 4.4.4).

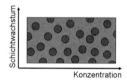
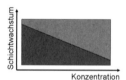

(a) Schema einer homogenen Durchmischung (b) Schema einer graduellen Durchmischung

Abbildung 4.4.4: Bei einer homogen durchmischten Schicht ändert sich das Konzentrationsverhältnis der beteiligten Stoffe nicht. Bei einer graduellen Durchmischung hingegen, ändert sich das Konzentrationsverhältnis über den Schichtquerschnitt.

Kombinierte Schichten aus Hochratenabscheidung
Beim verwendeten Hochratenprozess werden Zeitpunkt und Dauer der Abscheidung der einzelnen Materialien im Tiegel wesentlich vom zeitlichen

4.4.2 Schichten aus mehreren Komponenten

Temperaturgradienten des Tiegels und der Phasenübergangstemperatur des Materials bestimmt. Während letztere eine Materialkonstante ist, kann der Gradient durch geeignete Prozessführung so klein gewählt werden, dass die Abscheidung von Material A abgeschlossen ist, bevor Material B beginnt, in die Gasphase überzutreten. Es entstehen separate Schichten (s. Unterkapitel 4.4).

Wird im anderen Extremfall der Temperaturgradient soweit erhöht, dass die verschiedenen Materialien nahezu zeitgleich in die Gasphase übertreten können, entstehen homogen durchmischte Schichten. Diese Anwendung der Flashsublimation hat A. Learn für Metalle mit stark differierenden Siedepunkten bereits 1975 eingehend untersucht [111]. Um einen analogen Nachweis für organische Moleküle zu erbringen, wurde DCM^3 in Alq_3 dotiert. Für dieses Materialsystem ist eine signifikante Verschiebung des Photolumineszenzspektrums vom grünen (für reines Alq_3) in den roten Spektralbereich mit steigendem DCM-Anteil bekannt [138, 127].

Die Verschiebung wurde von Bulovic et al. für konventionell hergestellte Schichten quantifiziert [139] und ist in Abbildung 4.4.5 dargestellt. Die Prozentangaben am rechten Bildrand unterscheiden verschiedene Massenanteile DCM in den konventionell abgeschiedenen Schichten. Die Versuche wurden auf Si-Substraten durchgeführt.

Für den Vergleich wurde ein Materialgemisch mit einem Massenverhältnis von 2% DCM und 98% Alq_3 in den Tiegel eingebracht. Die Sublimationstemperaturen beider Materialien differieren um etwa 60 °C ($T_{Sub.}(DCM) \sim 240$ °C, $T_{Sub.}(Alq_3) \sim 180$ °C). Die unterschiedlichen Phasenübergangstemperaturen haben einen Einfluss auf die Dampfkeule (vgl. Gesetz von Amontons: $\frac{p}{T} = const.$ für $V = const.$). Der Öffnungswinkel der DCM-Dampfkeule ist folglich größer, das Material verteilt sich auf eine größere Fläche. Dadurch sinkt die Konzentration des DCM im Abstand des Substrats. Dieser Effekt ist jedoch zu klein, um im PL-Spektrum der kombinierten Schicht nachgewiesen werden zu können (s. Abbildung 4.4.5). Dies ist ein Indiz für eine homogene Durchmischung der Schicht.

---

[3]Siehe Abkürzungsverzeichnis auf Seite v.

128 HOCHRATENBAUTEILE

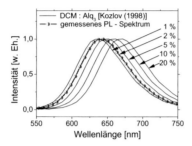

Abbildung 4.4.5: Je nach Konzentration des organischen Halbleitermaterials *DCM* in einer Schicht aus Alq_3 verändert sich das Photolumineszenzspektrum von Alq_3. Bei der Hochratenabscheidung der dargestellten Schicht wurde ein Materialgemisch aus 2 Massenprozent *DCM* und 98 Massenprozent Alq_3 in den Tiegel gefüllt. Das Photolumineszenzspektrum der Schicht zeigt den Verlauf, der aus konventionellen Vergleichsmessungen erwartet wurde. Eine inhomogene Durchmischung hätte zu einer Verbreiterung des Emissionsspektrums geführt.

Graduelle Durchmischung

Quantitativ erfolgt die Abscheidung eines Materials in einer Gauß'schen Verteilungsfunktion, deren Maximum als Phasenübergangstemperatur bezeichnet wird [10]. Durch Wahl eines Temperaturgradienten zwischen homogener Durchmischung und sequentiellem Schichtaufbau kann eine teilweise Überlappung der Zeitintervalle erreicht werden, in denen die verschiedenen Materialien im Tiegel in die Gasphase übertreten. Die Folge ist eine Schicht, in der sich das Konzentrationsverhältnis der Materialien über die Schichtdicke kontinuierlich verändert. Den Vorteilen eines schnellen und einfachen Verfahrens steht hierbei die Limitierung durch die vorgegebene Abscheidereihenfolge in Abhängigkeit der Phasenübergangstemperaturen entgegen.

4.4.2 Schichten aus mehreren Komponenten

Zusammenfassung

Die vorgestellte Hochratenverdampfung organischen Materials erlaubt im sequentiellen Betrieb den Aufbau beliebiger Schichtfolgen aus einem einzigen Abscheidesystem. Kombinierte Prozesse, in denen mehrere Materialien zeitgleich abgeschieden werden, sind möglich, unterliegen aber einer Beschränkung der Materialreihenfolge in Abhängigkeit der Sublimations- bzw. Verdampfungstemperatur. Die morphologischen und elektrooptischen Eigenschaften der Schichten aus diesem Verfahren sind abhängig von der Prozessführung der Hochratenabscheidung.

Die Prozessgeschwindigkeit und die Energieeffizienz steigen sowohl im kombinierten, als auch im sequentiellen Betrieb um mehr als 90 %. Gegenüber einem konventionellen Vergleichsprozess unter Laborbedingungen reduziert sich der Materialbedarf ($\sim 60\,\%$) und die Substraterwärmung ($\leq 90\,\%$) signifikant.
Für Alq_3 konnte ein Isomerisierungseffekt auf Grund der hohen, kurzzeitigen Temperaturbelastung durch Photolumineszenzmessungen nachgewiesen werden. Eine materialspezifische Anpassung der Prozessführung erlaubt es, diesen Effekt zu vermeiden.

Eine Verknüpfung verschiedener Prozesse ermöglicht die Herstellung eines funktionsfähigen Bauteils aus einem einzigen Abscheidevorgang in weniger als 2 Minuten. Dabei werden alle Materialien zeitgleich in den Tiegel verbracht. Die Schichtreihenfolge definiert sich über das relative Verhältnis der verschiedenen Sublimations- bzw. Verdampfungstemperaturen. Die Bauteileffizienz beträgt $\sim 50\,\%$ eines konventionell hergestellten Vergleichsbauteils. Der wesentliche Unterschied besteht in der Erhöhung der Einsatzspannung, die möglicherweise aus einer Isomerisierung des α-NPD resultieren kann.

Kapitel 5

Zusammenfassung

In dieser Arbeit wurde der Einfluss des Abscheideprozesses auf die Eigenschaften organischer Halbleiterbauelemente am Beispiel von OLEDs untersucht. Der Schwerpunkt der Arbeit lag dabei auf den Abscheideprozessen opaker und transparenter Deckelektroden auf organischen Schichten. Dabei handelt es sich um die energieintensivsten Prozesse im gesamten Herstellungsverfahren der Bauelemente, deren resultierenden Degradationspotenziale für die organischen Schichten erheblich sein können.
Untersucht wurden vornehmlich die Kathodenzerstäubung und die physikalisch-thermische Beschichtung bei hohen Abscheideraten. Bei diesen Beschichtungsverfahren wird soviel zusätzliche Energie in das Substrat eingetragen, dass dadurch die chemische Struktur der organischen Moleküle sowie die Morphologie der dünnen organischen Schichten beeinflusst werden kann. Das Ziel der vorliegenden Arbeiten war es daher, Verfahren mit großen Abscheideraten zu entwickeln, ohne bei der Abscheidung eine Degradation der darunter liegenden organischen Schichten zu verursachen.

Bei der Herstellung einer transparenten Deckelektrode durch Kathodenzerstäubung kommt es zur Belastung der organischen Schichten durch die kinetische Energie der auftreffenden Partikel sowie durch UV- und thermische Strahlung. Diese Effekte sind bei der Zerstäubung von Aluminium dotiertem Zinkoxid (AZO) stärker ausgeprägt, als bei der Abscheidung von Indiumzinnoxid (ITO).

Verursacht wird dies durch die starke Abhängigkeit der Schichteigenschaften des AZO von dessen Morphologie. Für gute elektrische Leitfähigkeit bei gleichzeitig hoher Transparenz der AZO-Schicht ist ein Mindestmaß an kinetischer Energie für die zerstäubten Partikel unumgänglich, um Oberflächendiffusion auf dem Substrat zu ermöglichen.

Die starke Abhängigkeit der Schichteigenschaften von der Morphologie führt zu einem sehr kleinen Toleranzbereich in der Prozessführung. Der im Rahmen dieser Arbeit entwickelte Prozess erlaubt die Abscheidung einer 200 nm dünnen Schicht mit einer Leitfähigkeit von $4716\,S/cm$, einer Transmission von 92% (im Bereich von 380-780 nm), einer Ladungsträgerdichte von $1,7 \cdot 10^{21}\,1/cm^3$ und einer Ladungsträgerbeweglichkeit von $17\,cm^2/Vs$. Die Substrattemperatur wurde in Vergleichsmessungen zu 150°C bestimmt. Diese Eigenschaften korrelieren gut mit den hierfür aus der Literatur bekannten Optimalwerten.

Der Einfluss des Zerstäubungsprozesses auf die organischen Schichten wurde eingehend analysiert. Gemäß [11, 95] kann die kinetische Energie der zerstäubten Partikel verringert werden, indem die Energie der zerstäubenden Argonionen durch eine geringe Kathodenleistung reduziert wird. Die vorliegenden Untersuchungen zeigten darüber hinausgehend, dass durch Prozessdruck und Prozessgasdichte die kinetische Partikelenergie in sehr viel größerem Maße beeinflusst werden kann. Unter Optimierung der Prozessparameter, Kathodenleistung und Prozessdruck gelang es erstmals, eine Schicht aus AZO rückwirkungsfrei auf einer organischen Halbleiterschicht abzuscheiden.

Die hohen Transmissionseigenschaften einer so abgeschiedenen Schicht bleiben gegenüber einer Schicht aus höherenergetischen Teilchen zwar erhalten, aber die elektrische Leitfähigkeit sinkt. Daher wurde eine graduelle Prozessführung entwickelt, bei der mit einer rückwirkungsfreien Abscheidung begonnen wurde. Im weiteren Verlauf der Abscheidung werden die Prozessparameter kontinuierlich hin zu höherenergetischen Partikeln geändert, welche gut leitende Schichten bilden. Die bereits abgeschiedenen Teile der Schicht verhalten sich dabei wie eine Barriere zwischen dem organischen Material und den hochenergetisch abgeschiedenen Teilen der Kontaktschicht.

Trotz der höheren, kinetischen Energie der Partikel erlaubt diese Prozessführung eine Reduktion des OLED Leckstroms um zwei Größenordnungen gegenüber dem etablierten Kathodenzerstäubungsprozess von ITO [24]. Es gelang weltweit erstmals, eine transparente OLED herzustellen, deren AZO-Deckkontakt aus einer Magnetronkathode zerstäubt wurde. Die Effizienz und das Emissionsspektrum dieses Bauelements zeigen wenige prozessbedingte Degradationseffekte und entsprechen denen einer konventionellen, opaken OLED vergleichbaren Aufbaus. Bei $100\,cd/m^2$ wurde für den Luminanzwirkungsgrad $\eta_{Lum} = 8,2\,lm/W$ und ein photometrischer Wirkungsgrad von $\eta_{Ph} = 6,9\,cd/A$ gemessen. Die Einsatzspannung betrug 2,3 V, das Emissionsmaximum lag bei 610 nm. Die gemittelte Transmission betrug im sichtbaren Spektralbereich (380-780 nm) 65 % inklusive dem Substrat und einer Verkapselung mit Glasdeckel.

Auch an opaken Bauelementen wurde die Abscheidung der elektrischen Deckelektrode untersucht. Meist werden hierbei anorganische Materialien, insbesondere elementares Aluminium verwendet. Die Schichten werden überwiegend in einem physikalisch-thermischen Abscheideprozess (PVD) hergestellt, bei dem viel Wärmestrahlung entsteht. Dies kann zu Morphologieänderungen oder zur Zerstörung der organischen Moleküle führen, was sich nachteilig auf die elektrooptische Effizienz der OLED auswirken kann.
Um diese Rückwirkung des Abscheideprozesses auf die organischen Schichten zu minimieren, wurde zunächst deren Verhalten unter Wärmeeinfluss analysiert. Untersuchungen an dünnen Schichten aus α-NPD, Alq_3 und F_4-TCNQ zeigten, dass erste Kristallisationseffekte bereits ab einer Temperatur von etwa 1/3 der Kristallisationstemperatur eintreten. Die Kristallisation nimmt mit Überschreiten der Glasübergangstemperatur signifikant zu.

Unter Berücksichtigung dieser Grenzwerte wurde der anorganische PVD-Prozess eingehend untersucht. Durch apparative Maßnahmen konnte die strahlungsbedingte Erwärmung des Substrats von rund 120 °C auf 47 °C reduziert werden. Der Effekt der Sekundärverdampfung konnte vollständig vermieden werden, ebenso wie eine inhomogene Leuchtdichteverteilung der OLED, deren Entstehung auf eine Erwärmung des Trägersystems zurück geführt werden konnte. Aus einer verfahrenstechnischen Untersuchung wurden Empfehlungen für die PVD-Abscheidung von Aluminium abgeleitet, bezüglich des Hintergrunddrucks ($< 1 \cdot 10^{-5}\,mbar$) und der Abscheiderate ($> 35\,nm/min$). Außerdem konnte aus diesen Untersuchungen abgeleitet werden, dass die Verweildauer der organischen Schichten im Bereich der Wärmestrahlung auf unter drei Minuten beschränkt werden sollte.

Allgemein zeigten die Ergebnisse der Verfahrensanalyse, dass eine hohe Abscheiderate auf Grund der kürzeren Beschichtungszeit zu einer geringeren Wärmebelastung der organischen Schichten führt. Diese Erkenntnis führte zur Entwicklung eines Beschichtungsverfahrens mit sehr hohen Abscheideraten auf Basis der Flashsublimation. Dabei wird der gesamte Inhalt des Verdampfertiegels sehr schnell in die Gasphase überführt. Die (quasi-) kontinuierliche Beschichtung eines konventionellen PVD-Prozesses wird dadurch zu einem chargenweisen Abscheideverfahren, dessen Materialausbeute im Vergleich um 58 % größer und dessen Beschichtungszeit rund 90 mal kürzer ist.

Auf Grund der hohen Beschichtungsrate kommt es auf dem Substrat kurzzeitig zu einem Wärmestau, was zu einer Verzögerung von ca. 75 ns zwischen Auftreffen und Erstarren des abgeschiedenen Aluminiums führt. Infolge der dabei möglichen Oberflächendiffusion kommt es zur Bildung von Mikrokristallen und zur Versinterung dieser Kristalldomänen in der Aluminiumschicht. Die organischen Schichten werden dabei für etwa 1 μs auf über 200 °C erwärmt.

Die mikrokristalline, versinterte Morphologie hat weitreichende Konsequenzen auf die Eigenschaften der Aluminiumschicht. Die Permeationsrate reduziert sich um das 3,5-fache gegenüber einer konventionell abgeschiedenen Aluminiumschicht gleicher Schichtdicke. Der Bahnwiderstand sinkt von 98 $\mu\Omega \cdot cm$ auf $3,6 \pm 0,4\,\mu\Omega \cdot cm$ und ist damit nur unwesentlich größer als der Bahnwiderstand eines Volumenkörpers aus Aluminium ($2,7\,\mu\Omega \cdot cm$). Zudem konnte eine Abhängigkeit des Bahnwiderstands von der zugeführten, maximalen Prozessleistung während der Hochratenabscheidung nachgewiesen und auf die Korngröße zurück geführt werden.

Trotz der Kristallisation ist ein Eindringen des Aluminiums in die darunter liegenden, organischen Schichten nicht nachweisbar. Die Erwärmung der organischen Moleküle auf über 200 °C kann jedoch thermisch bedingte Degradationsmechanismen initiieren. Ein Maß für diese Degradation ist die Strom-Spannungscharakteristik der untersuchten Schicht im Vergleich zu einer konventionell beschichteten Referenzprobe. Der Verfahrensbereich, in dem keine Verschiebung der Einsatzspannung registriert wird, ist beim Hochratenverfahren sehr klein. Unter Verwendung eines optimierten Prozesses ist es jedoch möglich, die elektrische Deckkontaktschicht in 45 s auf einer OLED abzuscheiden, ohne dass dabei Einflüsse auf die Lebensdauer, die Einsatzspannung, das Leckstromverhalten, das Emissionsspektrum oder die elektrooptische Effizienz des Bauelements zu beobachten sind.

Das Verfahren der Hochratenabscheidung konnte auf alle organischen und anorganischen Schichten einer OLED übertragen werden. Dies erweiterte den Anwendungsbereich der Flashsublimation erstmalig über die Materialklasse reiner Metalle hinaus. Zwar bedingt die hohe, kurzzeitige Zufuhr thermischer Energie eine materialspezifische Anpassung des Abscheideprozesses, ein Einfluss auf die Morphologie der Schicht (z.B. ein Kristallisationseffekt) konnte jedoch nicht nachgewiesen werden.

Hingegen gelang es durch Photolumineszenz- und Elektrolumineszenzmessungen, eine Isomerisierung des Singulettemitters Alq_3 in der facialen- und meridionalen Phase in Abhängigkeit von den Prozessparametern nachzuweisen. Unter Beachtung diesen Effekts wurde es erstmals möglich, eine dünne Schicht aus Alq_3 in der δ- und γ-Phase zu untersuchen. Außerdem gelang es erstmals, mit dem grün leuchtenden Singulettemitter Alq_3 ($\lambda_{max} = 515\,nm$) auch orangerot ($\lambda_{max} = 547\,nm$) und blau ($\lambda_{max} = 480\,nm$) emittierende OLEDs herzustellen, allerdings noch mit geringerer Effizienz.

Der Isomerisierungseffekt konnte durch eine Verlangsamung des Abscheideprozesses unterbunden werden. Die gezielte Beeinflussung des Temperaturgradienten im Tiegel erlaubt es außerdem, verschiedene Materialien in einem einzigen Prozess aus einem Tiegel zu verarbeiten. Der Beginn und die Zeitspanne der Abscheidung der einzelnen Materialien hängen dabei vom angelegten Temperaturgradienten und der jeweiligen, spezifischen Phasenübergangstemperatur des einzelnen Materials ab. Wird der Temperaturgradient so gewählt, dass die Abscheidephasen nicht überlappen, kommt es zu einer sequentiellen Abscheidung mit separat ausgebildeten Schichten. Durch Steigerung des Temperaturgradienten können die Abscheidephasen der verschiedenen Materialien zeitlich ineinander verschoben werden. Es kommt zu einer graduellen oder (bei noch größerem Gradienten) homogenen Durchmischung, wie am Beispiel von Alq_3 und DCM nachgewiesen werden konnte.

Unter Berücksichtigung der spezifischen Phasenübergangstemperaturen erlaubt das entwickelte Verfahren die Abscheidung einer OLED aus α-NPD, Alq_3, LiF und Al in einem einzigen Herstellungsschritt. Die gesamte Prozesszeit des Bauelements reduziert sich dabei von mehreren Stunden auf etwa 2 Minuten. Die OLED aus dem Hochratenverfahren besitzt etwa 40 % der Effizenz eines konventionell hergestellten Bauelements. Die Emissionsspektren der Bauelemente sind identisch. All diese Verbesserungen und insbesondere die verkürzte Taktzeit führen zu signifikanter Steigerung der Herstellungseffizienz.

Anhang A

Anmerkungen zum Einfluss äußerer Energie

Anmerkungen zur anorganischen Prozessmodellierung

Um den Einfluss relevanter Größen auf die Veränderung des Prozesses abschätzen zu können, wird zunächst ein quantitatives mathematisches Modell aufgestellt. Die so diskutierten Optimierungsmaßnahmen werden im Folgenden technologisch umgesetzt und mit experimentellen Messergebnissen verifiziert. Hierfür wird die Energie berechnet, die für die Verdampfung [1] einer definierten Menge Material nötig ist. Es gilt [2]:

$$E_{inj} = E_{s-l} + E_{l-v} + E(\Delta T) \quad (A.0.1)$$
$$E(\Delta T) = m \cdot c_V \cdot \Delta T \quad (A.0.2)$$

Die Phasenübergangsenergien sind Materialkonstanten und betragen bei Aluminium $E_{s-l} = 0,398\,kJ/g$ bzw. $E_{l-v} = 10,9\,kJ/g$. Die Temperaturdifferenz

---

[1] Eine Aluminiumsublimation ist nicht möglich, das Material wird aus der Flüssigphase verdampft, s. S.70.

[2] Die Indices (s, l, v) deuten den Phasenübergang von fest (*engl. solid*) nach flüssig (*engl. liquid*) und gasförmig (*engl. vapor*) an.

beträgt $\Delta T = T_{\text{Tiegel}} - T_0 = 812\,°C - 20\,°C$ [3], die spezifische Wärmekapazität $c_V = 0,9\,\frac{J}{gK}$. Die Raumtemperatur wird mit $T_0 = 20\,°C$ als konstant angenommen. Damit ergibt sich eine Verdampfungsenergie von $E_{inj} = 12\,kJ/g$.

Die Verlustmechanismen des Verdampfersystems erhöhen die benötigte Energie weiter. Dies sind:

- Wärmetransportverluste an den Stromkontakten
- Strahlungsverluste des Schiffchens und der Stromkontakte
- Wärmeübertragungseffizienz des Heizleiters zum Inlay und weiter zum Material

Sie werden im Folgenden separat näher untersucht.

Wärmeabstrom

Der Wärmeabstrom durch die Kupferanschlüsse lässt sich berechnen durch: $\frac{dQ}{dt} = \frac{\lambda}{\delta \cdot A \cdot \Delta T}$. Dabei ist λ die Wärmeleitfähigkeitskonstante ($\lambda_{Cu} = 401\,\frac{W}{m \cdot K}$) und δ bzw. A die Länge bzw. Querschnittsfläche zwischen den Temperaturpotenzialen. Bei den Stromkontakten handelt es sich um Kupferzylinder mit 10 mm Durchmesser und 100 mm Länge, die in Keramikisolierungen aus dem UHV - Bereich heraus geleitet werden. Ohne Nutzung einer aktiven Kühlung ergaben Messungen eine maximale Außentemperatur von über $100\,°C$.
Fügt man dem Kontakt eine kontinuierliche Wärmesenke in Form einer Wasserkühlung zu, entsteht ein stetiger Temperaturgradient zwischen dem Tiegel ($T_{Tiegel} \leq 812\,°C$) und dem Kühlwasseranschluss ($T_{Kühlwasser} \approx 15\,°C$). Der Wärmeabstrom beträgt somit mindestens $2,5\,\frac{J}{s}$ pro Kontakt [4].

---

[3]Siehe Seite 65. Und: $\Delta T = [K]$
[4]Im Gleichgewichtszustand kann der Übergangskoeffizient von Molybdän auf Kupfer vernachlässigt werden.

Wärmestrahlung

Die Wärmestrahlung lässt sich allgemein durch das Stefan-Boltzmann-Gesetz bestimmen: $P = \sigma \cdot A \cdot \Delta T^4$. Dabei ist $\sigma = 5,67 \cdot 10^{-8} \frac{W}{m^2 K^4}$ die Stefan-Boltzmann-Konstante. A ist die strahlende Fläche, ΔT der Temperaturunterschied. Als Heizelement dient ein kommerzieller [5], quadratischer Tiegel aus 25 μm dünnem Molybdänblech mit den Maßen von $65 \cdot 15 \cdot 10\,mm^3$. Damit ergibt sich für den Tiegel eine Strahlungsleistung von $P = 79\,W$. Für die Kupferteile beträgt diese unter Verwendung der Wasserkühlung weniger als 1 W. Die Strahlungsleistung des Tiegels dominiert die Verlustmechanismen [6].

Ankopplungswirkungsgrad

Infolge des geringen Hintergrunddrucks von $p \sim 10^{-6}\,mbar$ reduziert sich die Partikeldichte von $n = 10^{19} \frac{1}{cm^3}$ bei Umgebungsdruck auf $n = 10^9 \frac{1}{cm^3}$. Daher ist im UHV die Konvektion vernachlässigbar. Als Energieübertragungswege bleiben nur Strahlung und Wärmeleitung. Auf Grund der Tatsache, dass die Fläche atomaren Kontakts zwischen Inlay und Heizleiter nicht bestimmbar ist, wird der Ankoppelwirkungsgrad durch folgendes Experiment abgeschätzt:

Gemittelt über drei vergleichbare Verdampfersysteme wurde experimentell ein durchschnittlicher Verbrauch von $m = 35 \pm 10\,mg$ Aluminium pro 100 nm Kontaktschicht ermittelt[7]. Bei einer kontrollierten Rate von 20 nm/min ergibt sich daraus eine Abscheidezeit von rund 4 Minuten. Je nach Füllstand des Tiegels, Kammergeometrie und exakten Prozessparametern wird dabei ein Strom von $I = 80 \pm 10\,A$ bei einer Spannung von $U = 3,3\,V$ vom Heizleiter in thermische Energie umgesetzt. Der Tiegel besitzt einen Innenwiderstand von $Rb = 1,2\,\Omega$. Daraus folgt:

$$\frac{U}{I} \cdot \frac{1}{Rb} = \eta_{el} \cdot \eta_{therm} \cdot \eta_{fl} \cdot \eta_{kop} \tag{A.0.3}$$

---

[5]Hersteller: Umicore
[6]vgl.: 85 W Gesamtverluste zu 79 W Strahlungsverluste des Tiegels
[7]Die Anlagen werden vom Institut für Hochfrequenztechnik betrieben und besitzen baugleiche elektrische Ansteuerungen und Heizleiter. Der Abstand zum Substrat ist ebenfalls gleich ($320 \pm 20\,mm$). Der Verbrauch wurde experimentell mit Abscheidungen definierter Einwaage und gemessener Schichtdicke ermittelt.

140 ANHANG A. ANMERKUNGEN ZUM EINFLUSS ÄUSSERER ENERGIE

Da die elektrischen Leitungen kurz und die Querschnitte der Anschlüsse groß sind, entstehen kaum Kontaktwiderstände. Für den elektrischen Wirkungsgrad gilt daher: $\eta_{el} = 1$. Weil neben dem Schiffchen keine weiteren Verbraucher im Stromkreis betrieben werden, kann zudem davon ausgegangen werden, dass die gesamte zugeführte Energie in Wärme umgesetzt wird: ($\eta_{therm} = 1$).

Da der Prozess bei konstanter Aufdampfrate betrieben wird, kann angenommen werden, dass die Tiegeltemperatur in der Nähe der Siedetemperatur des Aluminiums liegt. Um die Adhäsion des Materials am oberen Tiegelrand zu stoppen, wird dort ein kälterer Bereich etabliert, in dem das Material erstarrt. Dieser entsteht, wenn das Inlay zu 1/3 über den Heizleiter hinaus ragt. Hinzu kommt, dass die Wärmestrahlung in alle Richtungen des Tiegels abgestrahlt wird, das Inlay sich aber nur innerhalb der Kavität befindet. Die nach außen abgestrahlte Energie geht verloren. Somit ergibt sich ein vorläufiger Flächenwirkungsgrad von: $\eta_{fl} = 1/2 \cdot 2/3 = 1/3$, was einen Ankoppelwirkungsgrad von $\eta_{kop} = 10\%$ zur Folge hat.

Dieses Ergebnis ist plausibel. Es lässt sich verifizieren, indem die Prozesszeit berechnet und mit dem Experiment verglichen wird. Die entstehende Selbstkonsistenzgleichung löst sich zu:

Zugeführte Leistung	E_{in} =	$U \cdot I = 262\,J/s$.
Verdampfungsenergie	E_{inj} =	$12\,kJ/g$
Verlustleistung	$E_{verlust}$ =	$E_{wärmestrom} + E_{strahlung} = 85\,J/s$
inverse Rate	$\frac{E_{inj} + E_{verlust}(t)}{E_{in}(t) \cdot \eta_{kop}}$ =	$7530\,s/g$

Anhand von Ablagerungen an den Kammerwänden lässt sich der Öffnungswinkel des Verdampfers auf nahezu 180° bestimmen. Wegen des hohen Drucks in der Aufdampfkeule wird die Inhomogenität der winkelabhängigen Beschichtungsrate mit einer cos^4 - Verteilung angenommen [140]. Bei einem Abstand von 350 mm zwischen Substrat und Verdampfer ergibt sich eine Kugelkalotte von $A = 0,77\,m^2$. Bei einem quadratischen Substrat mit 150 mm Kantenlänge ergibt sich daraus ein Flächenverhältnis von etwa 3 % und ein Massenverhältnis von rund 14 %. Mit $\rho_{Al} = 2700\,kg/m^3$ und $d = 100\,nm$ ergeben sich somit 42 mg Materialverbrauch, eine Rate von 18,6 nm/min und eine Prozesszeit von 5,3 Minuten. Diese Werte korrellieren gut mit den experimentellen Daten (4 Minuten bei 20 nm/min).

Einfluss der einzelnen Komponenten
Kammerwand
Unter dem Begriff Verunreinigungen sind alle Stoffe zusammengefasst, die unerwünschtes Material in die herzustellende Schicht einbringen. Dabei können sie absichtlich (z.B. Reste von Verdampfungen anderer Materialien aus unterschiedlichen Quellen in derselben Kammer) oder unbeabsichtigt (Luftsauerstoff und Wasser während Wartungsarbeiten) in die Kammer eingebracht worden sein oder entstehen als Nebenprodukte während des Prozesses (Schlackebildung, Tiegelzersetzung).

Diese Verunreinigungen befinden sich an nahezu allen inneren Oberflächen und können sich unter Energiezufuhr von dort ablösen. Lambert'sches Wärmeabstrahlverhalten des Tiegels vorausgesetzt, ist die Energiezufuhr pro Flächeninkrement der Kammer nur abhängig vom Raumwinkelanteil ausgehend vom Schiffchen. Nahe liegende Teile (z.B. der Kammerboden) absorbieren mehr Strahlungsleistung als weit entfernte Komponenten, wie u.a. das Substrat. Auf Grund der Wärmeleiteigenschaften des Edelstahls ($\lambda_{V2A} = 15\,\frac{W}{mK}$) kommt es innerhalb eines Werkstücks jedoch zu großen thermischen Ausgleichsströmen. Messungen zeigen, dass die Kammerwand über die gesamte Mantelfläche eine nahezu konstante Temperatur erreicht.

Um die Verzugszeiten des thermischen Ausgleichverhaltens zu bestimmen, wurde ein leerer Tiegel mit 44 W für 30 min betrieben. In Abbildung 3.3.2(a) wird der gemessene, zeitliche Verlauf der Temperatur nahe dem Tiegel, nahe dem Substrat und an der Kammerinnenwand [8] dargestellt.

---

[8]Das Thermoelement an der Kammerwand wurde vor direkter Wärmestrahlung des Tiegels geschützt.

142 ANHANG A. ANMERKUNGEN ZUM EINFLUSS ÄUSSERER ENERGIE

Für die Vergleichsmessung wurde kein Inlay und kein Depositionsmaterial in die Quelle eingesetzt, der Ankoppelwirkungsgrad ist somit $\eta_{kop} = 1$. Außerdem wird die gesamte Strahlungsleistung von der Kammerwand, nach endlich vielen Reflexionen, absorbiert: $\eta_{fl} = 1$. Wegen der hohen Wärmeleitung des Edelstahls ist die Wandtemperatur innen wie außen nahezu gleich. Die Kammer besteht aus einem Edelstahlzylinder ($c_V = 0,47\,\frac{J}{gK}$) mit 150 mm Innendurchmesser und 6 mm Wandstärke. Das Gewicht der Kammer wird auf $\sim 10\,kg$ geschätzt.

Abbildung 3.3.2(b) zeigt den Vergleich von Experiment und dem beschriebenen mathematischen Modell. Mit der Umgebungstemperatur $T_0 = 25,5\,°C$, der emittierenden Oberfläche $A_{Tiegel} = 35,5\,cm^2$, dessen Masse $m_{Tiegel} = 10\,g$ und die spezifische Wärmekapazität des Molybdän $c_V(Mo) = 900\,\frac{J}{kgK}$ errechnet sich die Tiegel- und Wandtemperatur wie folgt:

$$E_{in}(t) = U \cdot I \cdot \eta \cdot t \tag{A.0.4}$$

$$E_{out}(t) = \sigma \cdot (T_{Tiegel}(t) - T_{Tiegel}(t-1))^4 \cdot A_{Tiegel} \cdot t \tag{A.0.5}$$

$$T_{Tiegel} = \frac{E_{in}(t) - E_{out}(t)}{m_{Tiegel} \cdot c_V(Mo)} + T_0 \tag{A.0.6}$$

$$T_{Wand} = \frac{E_{in}(t) - E_{\text{kühlung}}(t)}{m_{Kammer} \cdot c_V(Kammer)} + T_0 \tag{A.0.7}$$

Kühlung

Auf Grund der konstant zugeführten Leistung und der kleinen Masse befindet sich der Tiegel schon nach wenigen Minuten wieder im thermischen Gleichgewicht. Für die Wandtemperatur ist dies nicht abzusehen, da die Energieabgabe durch natürliche Konvektion an der Kammeraußenwand nur sehr gering ist [9]. Die Masse vorbeizirkulierender Luft ist dabei proportional der Geschwindigkeit der Luftströmung entlang der Kammerwand.

$$E_{\text{Kühlung}} = m_{Luft} \cdot c_V(Luft) \cdot \Delta T \tag{A.0.8}$$

$$m_{Luft} = \rho_{Luft} \cdot A_{Kammer} \cdot v \cdot t \tag{A.0.9}$$

---

[9] Die Simulation ergibt einen thermischen Ausgleich bei etwa 275 °C.

Mit $\rho_{Luft} = 1{,}204\,kg/m^3$ und $c_V(Luft) = 1{,}005\,\frac{J}{gK}$. Der Kammermantel wurde mit $A = 0{,}24\,m^3$ [10] berücksichtigt. Wegen der höheren Dichte und spezifischen Wärmekapazität von Wasser ($\rho_{Wasser} = 1000\,kg/m^3$; $c_{Wasser} = 4{,}183\,\frac{J}{gK}$) vergrößert sich die Kühlleistung im Falle einer Wasserkühlung signifikant. Sie wurde durch eine Wicklung mit 4 mm Kunststoffschläuchen realisiert, deren Ankopplungseffizienz mit 25 % angenommen wird. Aus der Gleichung von Bernoulli (unter Vernachlässigung einer Höhendifferenz: $dh = 0$) lässt sich mit $v_0 = 0$ abschätzen:

$$\frac{\rho}{2} \cdot v_1^2 + p_1 = \frac{\rho}{2} \cdot v_0^2 + p_0 \qquad (A.0.10)$$

$$\Rightarrow v = \sqrt{\frac{2 \cdot dp}{\rho}} \qquad (A.0.11)$$

Bei 2 bar Druckdifferenz zwischen Zu- und Ableitung im Kühlkreislauf ergibt sich eine Wassermasse von 4,75 kg/s. Die Masse wurde analog zur Luftmasse bestimmt.

Schirmung

Wie bereits aufgeführt, kann Konvektion im Vakuum (unterhalb etwa 1 Pa) nicht stattfinden. Die Energieübertragung durch Strahlung lässt sich durch Einfügen eines Strahlungsschirms maßgeblich reduzieren. Da der Heizleiter vollständig von der Kammerwand umschlossen wird, kann das Reflexions- und Absorptionsverhalten durch ein Modell paralleler Oberflächen angenähert werden. Da es sich um ein in alle Raumrichtungen geschlossenes System handelt, kann zudem von unendlicher Ausdehnung der Oberflächen ausgegangen werden. Dies erlaubt, Randeffekte zu vernachlässigen. Transmission kann auf Grund endlicher Materialstärke ebenfalls vernachlässigt werden. Dann gilt: $r(n) = 1 - \epsilon(n)$.

Dabei ist $r(n)$ der Reflexionsgrad des Bauteils n und $\epsilon(n)$ dessen Emissionsgrad. Der reflektierte Anteil des Strahls wird wiederum gegen Oberfläche 1 geworfen, um in einer weiteren Reflexion erneut Oberfläche 2 zu treffen. Das Resultat lässt

---

[10] l=50 cm und d=15 cm

144 ANHANG A. ANMERKUNGEN ZUM EINFLUSS ÄUSSERER ENERGIE

sich durch die geometrische Reihe darstellen, wobei die übrige Leistung im Laufe der Reflexionen von Oberfläche 1 selbst reabsorbiert worden ist. Ist E der Strahlungsaustauschgrad, beschreibt sich die übertragene Strahlungsleistung als:

$$P(1 \to 2) = \epsilon(2) \cdot P(1) \tag{A.0.12}$$

$$P(1 \to 2) = \epsilon(2) \cdot P(1) \cdot \left[1 + r(1) \cdot r(2) + (r(1) \cdot r(2))^2 + \ldots\right] \tag{A.0.13}$$

$$= \frac{P(1) \cdot \epsilon(2)}{1 - r(1) \cdot r(2)} \tag{A.0.14}$$

$$E := \left(\frac{1}{\epsilon(1)} + \frac{1}{epsilon(2)} - 1\right)^{-1} \tag{A.0.15}$$

$$P = P(1 \to 2) - P(2 \to 1) = \cdots = \sigma \cdot E \cdot (T(1)^4 - T(2)^4) \tag{A.0.16}$$

Die Temperatur von Oberfläche 2 ist abhängig von ihrem Reflexionskoeffizienten und dem Absorptionskoeffizienten der Oberfläche 1. Unter realistischen Bedingungen wird sie niemals die Temperatur von Oberfläche 1 und infolge dessen niemals das thermische Gleichgewicht erreichen. Es handelt sich um ein Verzögerungsglied. Da Reflexions- und Absorptionskoeffizient des verwendeten Strahlungsschirms aus 1 mm dünnem Edelstahlblech unbekannt sind, wird auf folgenden (aus der Literatur entnommenen [10]) Zusammenhang zurückgegriffen: $E2(t) = E1(t)^{\frac{1}{n+1}}$. $E2(t)$ und $E1(t)$ sind die aufgenommene bzw. abgegebene Leistung der Oberflächen 1 und 2 und n die Anzahl der Strahlungsschirme dazwischen. In der Simulation ergab sich im betrachteten Zeitraum von mehreren Stunden für den ersten Strahlungsschirm (n=1) eine Maximaltemperatur von 165 °C, verglichen mit der Tiegeltemperatur von rund 800 °C.

In Abbildung 3.3.2(a) sind die Simulationen der zeitaufgelösten Temperaturentwicklung unter Verwendung der diskutierten Kühlsysteme dargestellt. Der Verlauf für natürliche Raumluftumwälzung ($v = 0,01 m/s$) ist dabei nicht vom ungekühlten System unterscheidbar. Für das Kühlgebläse wurde eine Luftgeschwindigkeit von $v = 20 m/s$ angenommen. Für den rechten Graphen 3.3.2(b) wurde das Optimum aus Strahlungsschirm und Wasserkühlung von Kammerwand und Stromkontakten experimentell realisiert und die Messdaten mit den Simulationsvoraussagen verglichen. Die Zeitverzögerung durch die unberücksichtigte Materialstärke des Strahlungsschirms wurde durch einen proportionalen Zeitkorrekturfaktor von 0,9 berücksichtigt.

Substraterwärmung
Unter den beschriebenen Voraussetzungen können Wärmeleitungseffekte zur Bestimmung der Substrattemperatur vernachlässigt werden. Wegen der geringen Temperaturdifferenz gilt dies auch für Wärmestrahlungseffekte anderer Einbauteile. Unter diesen Voraussetzungen gibt es zwei Faktoren, die zur Temperatur auf dem Substrat beitragen können: die Wärmestrahlung des Tiegels und der Energieeintrag des Partikelstroms. Für die Strahlungsleistung des Tiegels ergibt sich nach dem Proportionalitätsverhältnis von Leistung zu bestrahlter Fläche mit $A(ges) = 1,54\,m^2$:

$$\frac{P_{ges}}{P_{substrat}} = \frac{A_{ges}}{A_{substrat}} \rightarrow P_{substrat} = 1,2\,J/s \qquad (A.0.17)$$

Wie zuvor berechnet, beläuft sich die Partikelenergie auf $12\,kJ/g$. Für eine Schicht[11] ergibt sich ein Energieeintrag von $73\,J$. Als Oberflächenbeschichtung ist die Masse des Bauteils vernachlässigbar gegen die des Substrats [12]. Damit berechnet sich die Substrattemperatur auf $T_{Substrat} = 89\,°C$ vor, bzw. $T_{Substrat} = 47\,°C$ nach Einführung des Strahlungsschirms und der Wasserkühlung für die Kammerwände.

Modulare Verdampfereinheit
Ein wesentlicher Unterschied von anorganischen und organischen Punktquellen ist häufig der signifikant größere Bauraum von Verdampfersystemen für Metalle. Ein weiterer Unterschied besteht in der signifikanten Wärmeentwicklung. Aus diesen Gründen werden anorganische Abscheidesysteme häufig in separaten Abscheidekammern installiert. Dadurch entstehen folgende Nachteile:

---

[11] $d = 100\,nm$ und $A = 150 \cdot 150\,mm^2$
[12] $c_{Bauteil} = c_{Glas} = 0,84\,\frac{J}{gK}$ und analog $\rho_{Bauteil} = 2500\,kg/m^3$ bzw. $d_{Bauteil} = 1\,mm$.

146 ANHANG A. ANMERKUNGEN ZUM EINFLUSS ÄUSSERER ENERGIE

- Der apparative Aufwand erhöht sich erheblich.
- Flexibilität von Anordnung und Kammernutzung werden eingeschränkt.
- Der Transportaufwand innerhalb des UHV-Systems steigt.
- Die Möglichkeit metallischer und organischer Mischschichten geht verloren.
- Der Temperaturentwicklung wird nicht dort begegnet, wo sie entsteht, sondern dort, wo es konstruktionell möglich ist.
- Der Wirkungsgrad des Systems beträgt maximal 10 % (vgl. Seite 140).

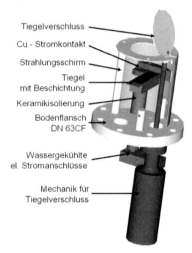

Abbildung A.0.1: Schemazeichnung des modularen Verdampfersystems

Um diesen Einschränkungen zu begegnen, wurde ein modulares Metallisierungssystem entwickelt, dessen Volumenbedarf im UHV dem einer Organikquelle entspricht. Es ist in Abbildung A.0.1 dargestellt. Der Ankoppelwirkungsgrad wurde erhöht, indem das Inlay durch eine Oberflächenbeschichtung des Tiegels ersetzt wurde. Sie besteht aus Aluminiumoxid und Bornitrid [13]. Dieses hat einen positiven Effekt auf den Gesamtwirkungsgrad des Systems, aber keinen Einfluss auf die Strahlungsleistung, da die Verdampfungstemperatur eine Materialkonstante ist. Die Quelle wurde zudem mit einem hochreflektiven Strahlungsschirm umgeben und vom Kammervolumen in einen angesetzten, von außen mit Wasserkühlung versehenen Stutzen zurückgezogen. Die Kammererwärmung reduziert sich damit nach Messungen auf 4 - 8 °C.

---

[13] Hersteller: RD Matthis

Anhang B

Anmerkungen zur Hochratenabscheidung

Annahmen zur Simulation der Substrattemperatur
Der Simulation der Substrattemperatur liegen folgende Detailannahmen zugrunde:

- Die gemessene Erwärmung setzt sich zusammen aus der thermischen Energie der eingetragenen Partikel und der integrierten Strahlungsleistung des Schiffchens auf der Fläche des Substrats. Der Energieanteil, der durch Konvektion von Partikeln übertragen wird, ist dabei nur vom Material und seiner Temperatur abhängig, nicht vom Verfahren.

- Der thermische Ausgleichsstrom I_{th}, der von einem auftreffenden Partikel ins Substrat fließt, ist abhängig vom Gradienten der Wärmemenge Q, der Länge des Transportwegs und der Zeit. Da die Schicht aber sehr dünn ist, wird nur der senkrechte Transport durch die Organik berücksichtigt.

- Die Organik zwischen Aluminiumpartikel und Substrat wird erwärmt. Die eingebrachte Energie reicht jedoch nicht aus, die Organik zu verflüssigen oder zu verdampfen. Die für einen Phasenübergang zusätzlich aufzubringende Energie muss daher nur für die Aluminiumpartikel, nicht jedoch für die Organik berücksichtigt werden.

148 ANHANG B. ANMERKUNGEN ZUR HOCHRATENABSCHEIDUNG

Geht man für die Schichten weiterhin von festen Volumenkörpern mit planparallelen Kontaktflächen, darf die allgemeine Wärmeleitungsgleichung von Körper 1 in einen angrenzenden Körper 2 durch die Fouriergleichung ersetzt werden. Hierfür muss die Ausdehnung der Transportflächen A größer sein gegenüber dem Transportweg δ. Dann gilt:

$$I_{th}(t) = dQ(d,t) + Q(v-l) + Q(l-s) = c_V \cdot m \cdot \Delta T(t) \quad \text{(B.0.1)}$$

$$dQ = \frac{\lambda}{\delta} \cdot A \cdot (T_{\text{Körper 1}} - T_{\text{Körper 2}}) \quad \text{(B.0.2)}$$

mit:

Tabelle B.1: Konstanten und Eingangswerte der Modellierung

Zeichen	Konstante bzw. Material	Einheit	Schichten Al	Organik	Glas
c_V	spez. Wärmekapazität	$\left[\frac{J}{Kg}\right]$	0,9	1,1	0,7
λ	Wärmeleitfähigkeit	$\left[\frac{W}{mK}\right]$	211	0,1...0,01	0,76
d	Schichtdicke	[nm]	100	100	10^6
ρ	Dichte	$\left[\frac{g}{cm^3}\right]$	2,7	1,1	2,5

Die Eindringtiefe δ ist nach obiger Näherung gleich der Schichtdicke d. $A = 35 \cdot 50\,mm^2$ bezeichnet die Kontaktfläche und $T_{\text{Körper 1}} - T_{\text{Körper 2}}$ die Temperaturdifferenz zwischen beiden Körpern. Die angenommene Umgebungstemperatur betrug 25 °C. Aluminium verdampft im UHV bei etwa 812 °C [141].

Zur weiteren Vereinfachung gilt außerdem:

- Die Strahlungsenergie des Schiffchens liegt im betrachteten Zeitraum in einer Größenordnung von 10^{-18} J und blieb daher unberücksichtigt.

- Auf Grund der großen Wärmeleitfähigkeit des Aluminiums wurde angenommen, dass die Aluminiumschicht an allen Stellen stets dieselbe Temperatur habe.

- Die Wärmeleitfähigkeit des Glassubstrats und die Auflagefläche an den mechanischen Substratträgern sind so gering, dass vom Glassubstrat keine Energie abgegeben wird.

- An der Grenzfläche Organik - Aluminium werden die größten Temperaturen erwartet. Da die Organikschichten so dünn sind, dass selbst bei ihrer relativ geringen Wärmeleitfähigkeit nahezu sofortiger Wärmeausgleich erfolgt, wurde auf eine tiefenaufgelöste Betrachtung der Wärmeverteilung in der Organikschicht verzichtet.

- Wie zu Beginn dieser Betrachtung beschrieben (siehe Abbildung 4.1.4) ist die eigentliche Beschichtungszeit sehr kurz. Bei der Abscheidung von Aluminium ist sie nur als plötzliches Aufleuchten in der Kammer zu erkennen. Daher sei für das Modell vereinfacht angenommen, dass die gesamte Energie der aufgebrachten Aluminiumschicht zum Zeitpunkt $t = 0$ an der Grenzfläche der Organik zur Verfügung steht.

Annahmen zur Simulation der Schichtdickenverteilung
Befindet sich das Substrat senkrecht über dem Tiegel wie in Abbildung 4.1.6(a) gezeigt, unterscheiden sich die Ortsvektoren $\vec{O}$ von Substrat und Tiegel nur um den Abstand z_{max} in z-Richtung. Auf eine Verkippung der Beschichtungsebene wird verzichtet ($\varphi = 90°$). Dann gilt für einen konventionell erzeugten Aufdampfkegel nach [7] unter Verwendung des Kosinussatzes für die winkelaufgelöste Verteilung des Molekularstroms $\vec{M}$:

$$\vec{M} \sim \frac{cos^n \Theta}{|z_{max}|^2} \qquad \text{(B.0.3)}$$

Wobei n in der Literatur für flache Tiegelgeometrien mit 2 angegeben wird [142]. Um die prozessbedingte Kegelaufweitung durch Teilchenstöße zu berücksichti-

150 ANHANG B. ANMERKUNGEN ZUR HOCHRATENABSCHEIDUNG

gen, bestimmen wir zunächst die freie Weglänge λ bei den spezifischen Druck- und Temperaturverhältnissen in der Aufdampfkeule. Über die allgemeine Gasgleichung kann ein Zusammenhang zwischen dem Kegelvolumen ($V = \frac{\pi}{3} \cdot x^2 \cdot z_{max}$) und der Teilchenanzahl N hergestellt werden:

$$p \cdot V = nRT = N \cdot kb \cdot T \tag{B.0.4}$$

$$N = \frac{m_{Schicht}}{M} = \frac{V_{Schicht} \cdot \rho}{Na \cdot m_{atom}} = \frac{\pi}{4} \cdot x^2 \cdot \frac{h \cdot \rho}{Na \cdot m_{atom}} \tag{B.0.5}$$

Dabei ist R die Reynolds-Zahl [1] und $m_{atom} = 4,48 \cdot 10^{-26}\, kg$ die atomare Masse des Aluminium. x bezeichnet den Bodendurchmesser des Kegels. Daraus folgt für den Druck p bzw. die Teilchendichte n:

$$p = \frac{3}{4} \cdot h \cdot \frac{\rho \cdot Kb \cdot T}{m_{atom} \cdot z_{max}} \tag{B.0.6}$$

$$n = \frac{N}{V} = \frac{kb \cdot T}{p} \tag{B.0.7}$$

Für die Verdampfungstemperatur des Aluminiums (T = 812 °C) ergibt sich somit ein Prozessdruck von 4,2 mbar im Aufdampfkegel. Verglichen mit einem Umgebungsdruck ($p_{UHV-Kammer} \sim 10^{-6}\, mbar$) entspricht dies einem Druckunterschied von 6 Größenordnungen. Durch den hohen Druckanstieg müsste für eine exakte Betrachtung die Energieübertragung durch Konvektion berücksichtigt werden, was aber den angestrebten Detailgrad übersteigt. Unter Annahme eines idealen Gases ergibt sich damit die freie Weglänge λ und die mittlere Stoßhäufigkeit zwischen Tiegel und Substrat zu:

$$\lambda = \frac{1}{\sqrt{2} \cdot \pi \cdot n \cdot d^2} \tag{B.0.8}$$

$$\text{Stoßhäufigkeit} = z_{max}/\lambda \tag{B.0.9}$$

Dabei ist d der minimale Abstand der Teilchen, also der doppelte Atomradius ($d_{Al} = 2,5 \cdot 10^{-10}\, m$). Wo sich für eine konventionelle Verdampfung

---
[1] $R = kb \cdot Na$ mit kb als Boltzmann-Konstante und Na als Avogadro-Konstante

($\lambda_{konv} = 150\,mm$) ein Stoß pro Atom auf dem Weg zwischen Tiegel und Substrat ergibt, stoßen die im Hochratenprozess abgeschiedenen Partikel durchschnittlich 1255 mal.

Die Schichtdicke h ist das zeitliche Integral des Molekularstroms, der im vorliegenden Fall zeitlich konstant ist ($h = \int M\,dt = M \cdot t$). Die Beschichtungszeit t lässt sich aus dem Abstand z_{max} und der Geschwindigkeit v ($t = \frac{z_{max}}{v}$) der Teilchen berechnen. Für diese gilt:

$$E_{th} = E_{kin} \qquad (B.0.10)$$
$$m/2 \cdot v^2 = 3/2 \cdot k_b \cdot T \qquad (B.0.11)$$
$$\rightarrow v = (3 \cdot k_b \cdot T/m)^{-1/2} \qquad (B.0.12)$$

Die daraus errechneten Werte sind mit Literaturangaben [91] vergleichbar. Die in Tabelle 4.1 beschriebene Proportionalität zwischen Verdampferleistung und Schichtdicke resultiert aus diesem Zusammenhang. Eine höhere Leistung führt zu höherer Sublimationstemperatur, wodurch die Verweilzeit der Partikel in der Dampfkeule und infolge dessen die Winkelaufweitung des Partikelstroms sinkt. Die druckbedingte Aufweitung der Dampfkeule ergibt sich als Produkt der postulierten Gaußschen Verteilung g mit der winkelabhängigen Auflösung des Molekularstroms (siehe oben). Die Verweildauer der Partikel in der Gasphase beträgt nach dieser Abschätzung 16 ms.

$$g(y) = \frac{1}{\sqrt{2\pi} \cdot e^{-1/2 \cdot y^2}} \qquad (B.0.13)$$
$$y = \arctan\left(\frac{x}{z_{max}}\right) \cdot \frac{n_{konv}}{n_{flash}} \qquad (B.0.14)$$

Anhang C

Technische Spezifikation

Reinigung und Präparation von Substraten

10 min	65 °C	DI-Wasser : Zitronensäure	(98 % : 2 %)
10 min	65 °C	DI-Wasser : 2-Propanol	(50 % : 50 %)
		Trocknung im Stickstoffstrom	
15 min		Ozonofen	

ANHANG C. TECHNISCHE SPEZIFIKATION

Verwendete Substrate

Bezeichnung	Hersteller	Aktive Fläche	Substratgröße
Caro	Optrex	79,63; 19,89; 4,96 und 1,23 mm^2	$35 \cdot 50\, mm^2$

Aufbau: 1 mm Floatglas, 120 nm ITO, außerhalb der aktiven Flächen durch Leiterbahnen aus Cu verstärkter Bodenkontakt. Photolack $\sim$ 6 μm.

Verwendung: Im Rahmen einer Projektpartnerschaft im Forschungsprojekt des Bundesministeriums für Bildung und Forschung (BMBF) „Hocheffiziente und hochzuverlässige OLED-Devices für kundenspezifische Automobilanwendungen (CARO)" FKZ: 01BD0684

MAD	Osram	$16 \cdot 4\, mm^2$	$25 \cdot 25\, mm^2$

Aufbau: 1 mm Floatglas, 100 nm ITO, außerhalb der aktiven Flächen durch Leiterbahnen aus Cu verstärkter Bodenkontakt. Photolack $\sim$ 10 μm.

Verwendung: Im Rahmen einer Projektpartnerschaft im Forschungsprojekt des Bundesministeriums für Bildung und Foschung (BMBF) „Organische Phosphoreszenzleuchtdioden für Applikationen im Lichtmarkt (OPAL)" FKZ: 13N8995

IHF	IHF intern	$3 \cdot 3,14\, mm^2$	$17 \cdot 17\, mm^2$

Aufbau: 1 mm Floatglas, 120 nm ITO
Photolack AZ 4753 $\sim$ 10 μm.
Herstellungsprozess nach [95]

Technische Geräte

Komponente	Hersteller	Modell
Elektrooptische Vermessung		
Aufbau, Verfahren und Software des Messplatzes nach [137].		
Spannungsversorgung	Keithley	2400
opt. Leistungsmessung:		
Messkopf	Advantest	Q82214
Auswerteelektronik	Advantest	Q8221
Spektrometer:		
Optoelektronik	Carl Zeiss	224000-9001-000
Auswerteelektronik	Tec5	LOE-USB
Lebensdauermessung	Botest	ACP 2000
Physikalische Vermessung		
Lichtmikroskopie	Leica	DM4000M
Rasterkraftmikroskopie	DME	Dualscope C-21
Kontaktprofilometrie	Veeco	Dektak 8
Ellipsometrie	Sopra	GES 5E
Spektrometrie	Perkin Elmer	Lambda 9
Elektronik:		Lambda 19

SIMS - Messungen wurden am Fraunhoferinstitut für Schicht- und Oberflächentechnik (IST/IOT) extern durchgeführt
REM - Messungen wurden an der Physikalisch-Technischen Bundesanstalt (PTB) extern durchgeführt

Komponente	Hersteller	Modell
Probenpräparation		
Ozonofen	FHR	LT4H
Ultraschallbad	Bandelin	Sonorex
Heizplatte	Heidolph	HR 3001 K

ANHANG C. TECHNISCHE SPEZIFIKATION

Komponente	Hersteller	Modell

Hochratenverdampfung

Aufbau, Verfahren und Software beschrieben in [143].

Analysewaage	Sartorius	2842
Turbomolekularpumpe	Pfeiffer	TMU 521 P
Vorpumpe	Adixen	ACP 15
Druckmessung	Pfeiffer	PKR 251
Schrittmotoren	Beckhoff	AS 1010 - 0000
SPS	Beckhoff	BK 9000
Thyristorsteller	Eurotherm	TE10A
Transformator	Burmeister	P 1400VA - S3x78A6V
Strommessung	Voltcraft	AC 200
Temperaturmessung	Thermocoax	Typ-K S 05-A-100

Kathodenzerstäubung

Aufbau und Software beschrieben in [95].

Turbomolekularpumpe	Varian	TV 551
Schmetterlingsventil	VAT - ASS	247102-B
ungesteuerte Turbom.	Pfeiffer	TMU 551 P
Vorpumpe	Varian	TriScroll 300
Schrittmotor	Beckhoff	AS 1030 - 0000
UHV - Druckmessung	MKS-Instruments	423 I-MAG
Prozessdruckmessung	MKS-Instruments	6278X.1MCD1B
SPS	Beckhoff	BK 9000
DC - Generator	Advanced Energy	MDX 500
RF - Generator	Advanced Energy	RFX 600
Anpassnetzwerk	Advanced Energy	ATX 600
Hochfrequenzumschalter	Seren	RFS2
AZO - Kathode	Robeko	Sonderanfertigung
Druckregelung	VAT	PM-5
Massendurchflussregler	MKS-Instruments	PR 4000

Komponente	Hersteller	Modell

Organikbeschichtung

Aufbau, Verfahren und Software beschrieben in [7].

OMBD - Anlage	VG Scienta	CH 060

Metallisierung

Aufbau, Verfahren und Software analog zu [144, 7, 143].

Turbomolekularpumpe	Varian	TV301 NAV
Vorpumpe	Varian	SC 110
Druckmessung	Ilmvac	620015
Schrittmotoren	Beckhoff	AS 1010 - 0000
SPS	Beckhoff	BK 9000
Thyristorsteller	Eurotherm	TE10A
Transformator	Burmeister	P 1400VA - S3x78A6V
Strommessung	Voltcraft	AC 200
Temperaturmessung	Thermocoax	Typ-K S 05-A-100

Verkapselung

Aufbau und Verfahren beschrieben in [144].

Klebenahtroboter	GLT	JR 2300
UV - Belichter	isel	UV-Belichtungsgerät 2
Heizplatte	Präzitherm	PZ 28 - 2

Stickstoffumgebung

Handschuhbox	Mbraun	MB 200 B
Heizplatte	Präzitherm	TR 28-3

Literaturverzeichnis

[1] H. J. Round: *The electroluminescence of inorganic materials.* Electrical World (1907)

[2] C. Tang, S. VanSlyke: *Organic electroluminescent diodes.* Appl. Phys. Lett. **51** (1987)

[3] V.-E. Choong, S. Shi, J. Curless, C.-L. Shieh, H.-C. Lee, F. So, J. Shen, J. Yang: *Organic light-emitting diodes with a bipolar transport layer.* Appl. Phys. Lett. **75** (1999)

[4] G. Parthasarathy, C. Shen, A. Kahn, S. R. Forrest: *Lithium doping of semiconducting organic charge transport materials.* J. Appl. Phys **89** (2001)

[5] N. C. Greenham, R. H. Friend, D. D. C. Bradley: *Angular Dependence of the Emission from a Conjugated Polymer Light-Emitting Diode: Implications for Efficiency Calculations.* Adv. Mater. **6** (1994)

[6] H. Heil: *Injektion, Transport und Elektrolumineszenz in organischen Halbleiterbauelementen* Dissertation zur Erlangung der Doktorwürde, Technische Universität Darmstadt (2004)

[7] C. Schildknecht: *Carben Emitter in OLEDs.* Dissertation zur Erlangung der Doktorwürde, Technische Universität Carola Wilhelmina, Braunschweig (2006)

[8] K. A. Higginson, X.-M. Zhang, F. Papadimitrakopoulos: *Thermal and Morphological Effects on the Hydrolytic Stability of Aluminium Tris(8-hydroxyquinoline) (Alq_3).* Chem. Mater. **10** (1998)

[9] J. C. Scott: *Metal-organic interface and charge injection in organic electronic devices*. J. Vac. Sci. Technol. A **21** (2003)

[10] M. Ohring: *Material Science of thin films* NetLibary, ISBN: 0585470979 (2002)

[11] T. Dobbertin: *Invertierte organische Leuchtdioden für Aktiv-Matrix OLED-Anzeigen*. Dissertation zur Erlangung der Doktorwürde, Technische Universität Carola Wilhelmina, Braunschweig (2005)

[12] V. G. Kozlov, V. Bulovic, P. E. Burrows, M. Baldo, V. B. Khalfin, G. Parthasarathy, S. R. Forrest, Y. You, M. E. Thompson: *Study of lasing action based on Förster energy transfer in optically pumped organic semiconductor thin films* Jorunal of Applied Physics **84** (1998)

[13] H. Agura, A. Suzuki, T. Matsushita, T. Aoki, M. Okuda: *Low resistivity transparent conducting Al-doped ZnO films prepared by pulsed laser deposition*. Thin Solid Films **445** (2003)

[14] A. W. Ott, R. P. H. Chang: *Atomic layer-controlled growth of transparent conducting ZnO on plastic substrates*. Materials Chemistry and Physics **58** (1999)

[15] C. N. de Carvalho, A. Luis, G. Lavareda, A. Amaral, P. Brogueira, M. H. Godinho: *ITO thin filmd deposited by RTE on flexible transparent substrates*. Optical Materials **17** (2001)

[16] C. N. de Carvalho, A. Luis, G. Lavareda, E. Fortunato, A. Amaral: *Effect of thickness on the properties of ITO thin films deposited by RF-PERTE on unheated, flexible, transparent substrates*. Surface and Coatings Technology **151-152** (2002)

[17] Z. B. Ayadi, L. E. Mir, K. Djessas, S. Alaya: *The properties of aluminum-doped zinc oxide thin films prepared by rf-magnetron sputtering from nanopowder targets*. Materials Science and Engineering C **28** (2007)

[18] A. V. Singh, R. M. Mehra, N. Buthrath, A. Wakahara, A. Yoshida: *Highly conductive and transparent aluminum-doped zinc oxide thin films prepared by pulsed laser deposition in oxygen ambient*. J. Appl. Phys **90** (2001)

[19] C.-H. Chung, Y.-W. Ko, Y.-H. Kim, C.- Y. Sohn, H. Y. Chu, J. H. Lee: *Improvement in performance of transparent organic light-emitting diodes with increasing sputtering power in the deposition of indium tin oxide cathode.* Appl. Phys. Lett. **86** (2005)

[20] M. N. Islam, T. B. Ghosh, K. L. Chopra, H. N. Acharya: *XPS and X-ray diffraction studies of aluminum-doped zinc oxide transparent conducting films.* Thin Solid Films **280** (1996)

[21] X. Jiang, F. L. Wong, M. K. Fung, S. T. Lee: *Aluminum-doped zinc oxide films as transparent conductive electrode for organic light-emitting devices.* Appl. Phys. Lett. **83** (2003)

[22] K. H. Kim, K. C. Park, D. Y. Ma: *Structural, electrical and optical properties of aluminum doped zinc oxide films prepared by radio frequency magnetron sputtering.* J. Appl. Phys. **81** (1997)

[23] P. Görrn: *Transparent Elektronik für Aktiv-Matrix-Displays.* Dissertation zur Erlangung der Doktorwürde, Technische Universität Carola Wilhelmina, Braunschweig (2009)

[24] J. Meyer: *Transparent Organic Light Emitting Diodes for Active-Matrix displays.* Dissertation zur Erlangung der Doktorwürde, Technische Universität Carola Wilhelmina, Braunschweig (2009)

[25] D. Mergel, W. Stass, G. Ehl, D. Barthel: *Oxygen incorporation in thin films of In_2O_3 :Sn prepared by radio frequency sputtering.* J. Appl. Phys **88** (2000)

[26] R. Mientus, K. Ellmer: *Reactive magnetron sputtering of tin-doped indium oxide (ITO): influence of argon pressure and plasma excitation mode.* Surface and Coatings Technology **142-144** (2001)

[27] T. Minami, Y. Ohtani, T. Miyata, T. Kuboi: *Transparent conducting Al-doped ZnO thin films prepared by magnetron sputtering with dc and rf powers applied in combination.* J. Vac. Sci. Technol. A **25** (2007)

[28] C. Agashe, O. Kluth, J. Hüpkes, U. Zastrow, B. Rech, M. Wuttig: *Efforts to improve carrier mobility in radio frequency sputtered aluminum doped zinc oxide films.* J. Appl. Phys **95** (2004)

[29] M. Bender, J. Trube, J. Stollenwerk: *Characterization of a RF/DC-magnetron discharge for the sputter deposition of transparent and highly conductive ITO films.* Appl. Phys. A **69** (1999)

[30] M.-S. Hwang, H. J. Lee, H. S. Jeong, Y. W. Seo, S. J. Kwon: *The effect of pulsed magnetron sputtering on the properties of indium tin oxide thin films.* Surface and Coatings Technology **171** (2003)

[31] F. Di Quarto, C. Sunseri, S. Piazza, M. Romano: *Semiempirical correlation between optical band gap valves of oxides and the difference of electronegativity of the elements. Its importance for a quantitative use of photocurrent spectroscopy in corrosion studies.* J. Phys. Chem. B **101** (1997)

[32] K. Ellmer: *Resistivity of polycrystalline zinc oxide films: current status and physical limit.* J. Appl. Phys. D **34** (2001)

[33] B. Szyska: *Transparent and conductive aluminum doped zinc oxide ®lms prepared by mid-frequency reactive magnetron sputtering.* Thin Solid Films **351** (1999)

[34] F. Ruske, V. Sittinger, W. Werner, B. Szyska, K.-U. van Osten, K. Dietrich, R. Rix: *Hydrogen Doping of ZnO:Al Films Deposited by Pulsed DC-Sputtering on Ceramic Targets* Society of Vacuum Coaters **48** (2005)

[35] K. Prabakar, C. Kim, C. Lee: *UV, violet and blue-green luminescence from RF sputter deposited ZnO:Al thin films.* Cryst. Res. Technol. **40** (2005)

[36] J.-M. Ting, B. S. Tsai: *DC reactive sputter deposition of ZnO:Al thin film on glass.* Materials Chemistry and Physics **72** (2001)

[37] J. W. Seong, K. H. Kim, Y. W. Beag, S. K. Koh, K. H. Yoon: *Effect of low substrate deposition temperature on the optical and electrical properties of Al_2O_3 doped ZnO films fabricated by ion beam sputter deposition.* J. Vac. Sci. Technol. A **22** (2004)

[38] R. Cebulla, R. Wendt, K. Ellmera: *Al-doped zinc oxide films deposited by simultaneous rf and dc excitation of a magnetron plasma: Relationships between plasma parameters and structural and electrical film properties.* J. Appl. Phys. **83** (1999)

[39] M. Chen, Z. L. Pei, X. Wang, C. Sun, L. S. Wen: *Structural, electrical, and optical properties of transparent conductive oxide ZnO:Al films prepared by dc magnetron reactive sputtering.* J. Vac. Sci. Technol. A **19** (2001)

[40] H. Kim, C. M. Gilmore, J. S. Horwitz, A. Piqué, H. Murata, G. P. Kushto, R. Schlaf, Z. H. Kafafi, D. B. Chrisey: *Transparent conducting aluminum-doped zinc oxide thin films for organic light-emitting devices.* Appl. Phys. Lett. **76** (2000)

[41] T. Minami, T. Miyata, Y. Ohtani: *Optimization of aluminum-doped ZnO thin-film deposition by magnetron sputtering for liquid crystal display applications.* Phys. Stat. Sol. (a) **204** (2007)

[42] Z. Qiao, D. Mergel: *Comparison of radio-frequency and direct-current magnetron sputtered thin In_2O_3 : Sn films.* Thin Solid Films **484** (2005)

[43] B. Szyska: *Transparente und leitfähige Oxidschichten.* Vakuum in Forschung und Praxis **1** (2001)

[44] K. C. Park, D. Y. Ma, K. H. Kim: *The physical properties of Al-doped zinc oxide films prepared by RF magnetron sputtering.* Thin Solid Films **305** (1997)

[45] Z. L. Pei, C. Sun, M. H. Tan, J. Q. Xiao, D. H. Guan, R. F. Huang, L. S. Wen: *Optical and electrical properties of direct-current magnetron sputtered ZnO:Al films.* J. Appl. Phys **90** (2001)

[46] R. Darling: *Physical Vapor Deposition* Lecture notes, University of Whasington **520/530/580.495** (2003)

[47] H. Salmag, H. Scholze: *Keramik, Teil 1: Allgemeine Grundlagen und wichtige Eigenschaften* Springer Berlin / Heidelberg, (1982)

[48] H. Holleck: *Metastable Coatings-Prediction of Composition and Structure* Surface Coating Technology **36** (1988) 151

[49] Y.-K. Moon, B. Bang, S.-H. Kim, C.-O. Jeong, J.-W. Park: *Effects of working pressure on the electrical and optical properties of aluminum-doped zinc oxide thin films.* J Mater Sci: Mater Electron **19** (2008)

[50] J. A. Thornton: *High Rate Thick Film Growth.* Ann. Rev. Mater. Sci. **7** (1977)

[51] J. A. Thornton: *Influence of Substrate Temperature and Deposition Rate on Structure of Thick Sputtered Cu Coatings*. J. Vac. Sci. Technol. **12** (1975)

[52] J. A. Thornton: *The Microstructure of Sputter-Deposited Coatings*. J. Vac. Sci. Technol. A **4** (1986)

[53] H. Holleck: *Neue Entwicklungen bei PVD - Hartsoffbeschichtungen, Metall* Springer Berlin / Heidelberg **43** (1989)

[54] T. Pisarkiewicz, K. Zakrzewska, E. Leja: *Scattering of Charge Carriers in Transparent and Conducting Thin Oxide Films with a Non-Parabolic Conduction Band*. Thin Solid Films **147** (1989)

[55] A. V. Singh, R. M. Mehra, A. Yoshida, A. Wakahara: *Doping mechanism in aluminum doped zinc oxide films*. J. Appl. Phys **95** (2004)

[56] T. Tsuji, M. Hirohashi: *Influence of oxygen partial pressure on transparency and conductivity of RF sputtered Al-doped ZnO thin films*. Applied Surface Science **157** (2000)

[57] J. R. Bellingham, W. A. Phillips, C. J. Adkins: *Intrinsic performance limits in transparent conducting oxides*. J. Mater. Sci. Lett. **11** (1992)

[58] H. Ohata, M. Orita, M. Hirano, H. Tanji, H. Kawazoe, H. Hosono: *Highly electrically conductive indiumtinoxide thin films epitaxially grown on yttria-stabilized zirconia (100) by pulsed-laser deposition*. Appl. Phys. Lett. **79** (2000)

[59] H. Morikawa, M. Fujita: *Crystallization and electrical property change on the annealing of amorphous indium-oxide and indium-tin-oxide thin films*. Thin Solide Films **359** (2000)

[60] R. B. H. Tahar, T. Ban, Y. Ohya, Y. Takahashi: *Tin doped indium oxide thin films: Electrical properties*. J. Appl. Phys **83** (1998)

[61] H. Nanto, T. Minami, S. Orito, S. Takata: *Electrical and optical properties of indium tin oxide thin films prepared on low-temperature substrates by rf magnetron sputtering under an applied external magnetic field*. J. Appl. Phys. **63** (1988)

[62] D. Mergel, Z. Qiao: *Correlation of lattice distortion with optical and electrical properties of In2O3 :Sn films*. J. Appl. Phys **95** (2004)

[63] D. Mergel: *Dünne ITO-Schichten als leitfähige, transparente Elektroden.* Vakuum in Forschung und Praxis **16** (2004)

[64] R. V. Stuart, G. K. Wehner: *Sputtering Yields at Very Low Bombarding Ion Energies.* J. Appl. Phys **33** (1962)

[65] T. Minami, T. Miyata, T. Yamamoto, H. Toda: *Origin of electrical property distribution on the surface of ZnO:Al films prepared by magnetron sputtering.* J. Vac. Sci. Technol. A **18** (2000)

[66] C. Y. Kwong, A. B. Djurisic, V. A. L. Roy, P. T. Lai, W. K. Chan: *Influence of the substrate temperature to the performance of tris (8- hydroxyquinoline) aluminum based organic light emitting diodes.* Thin Solid Films **458** (2004)

[67] Y. B. Kwon, M. Abouzaid, P. Ruterana, J. H. Je: *Structural and electrical properties of Zn(Al)O layers for transparent metal oxide applications.* Phys. Stat. Sol. (b) **244** (2007)

[68] T. Minami, S. Suzuki, T. Miyata: *Transparent conducting impurity-co-doped ZnO:Al thin films prepared by magnetron sputtering* Thin Solid Films **398-399** (2001)

[69] V. Sittinger, B. Szyska, R. J. Hong, W. Werner, M. Ruske, A. Lopp: *New cost effective ZnO:Al Films deposited by large area reactive magnetron sputtering* 3rd World Conference on Photovoltaic Energy Conversion **2P-D3-55** (2003)

[70] G. Kienel: *Dünne Schichten - Grundsätzliches zu ihrer Herstellung, ihren Eigenschaften und Zukunftsperspektiven in: Vakuumbeschichtung* VDI - Verlag Düsseldorf **4** (1993)

[71] R. V. Stuart, G. K. Wehner, G. S. Anderson: *Energy Distribution of Atoms Sputtered from Polycrystalline Metals.* J. Appl. Phys **40** (1969)

[72] C. Leyens: *Wechselwirkung zwischen Herstellungsparametern und Schichteigenschaften ausgewählter metallischer und keramischer Systeme bei der Magnetron - Kathodenzerstäubung* VDI - Verlag, Düsseldorf **5** (1998)

[73] C. Kittel: *Einführung in die Festkörperphysik* R. Oledenbourg Verlag, München, Wien (1989)

[74] R. Kishore, C. Hotz, H. A. Naseem, W. D. Brown: *Transmission Electron Microscopy and X-Ray Diffraction Analysis of Aluminum-Induced Crystallization of Amorphous Silicon in a-Si:H/Al and Al/a-Si:H Structures*. Microsc. Microanal. **11** (2005)

[75] H.-L. Ma, X.-T. Hao, J. Ma, Y.-G. Yang, S.-L. Huang, F. Chen, Q.-P. Wang, D.-H. Zhang: *Bias voltage dependence of properties for ZnO:Al films deposited on flexible substrate*. Surface and Coating Technology **161** (2002)

[76] W. D. Davis, T. A. Vanderslice: *Ion Energies at the Cathode of a Glow Discharge* Phys. Rev. B **131** (1963)

[77] W. D. Westwood: *Calculation of deposition rates in diode sputtering systems*. J. Vac. Sci. Technol. **15** (1978)

[78] C.-W. Chen, C.-L. Lin, C.-C. Wu: *An effective cathode structure for inverted top-emitting organic light-emitting devices*. Appl. Phys. Lett. **85** (2004)

[79] X.-Y. Jiang, Z.-L. Zhang, J. Cao, M. A. Khan, K.-ul-Haq, W.-Q. Zhu: *White OLED with high stability and low driving voltage based on a novel buffer layer MoOx*. J. Phys. D: Appl. Phys. **40** (2007)

[80] T. Asanuma, T. Matsutani, C. Liu, T. Mihara, M. Kiuchi: *Structural and optical properties of titanium dioxide films deposited by reactive magnetron sputtering in pure oxygen plasma*. J. Appl. Phys. **95** (2004)

[81] R. Wendt, K. Ellmer, K. Wiesemann: *Thermal power at a substrate during ZnO:Al thin film deposition in a planar magnetron sputtering system*. J. Appl. Phys. **82** (1997)

[82] D. Windover, E. Barnat, J. Y. Kim, M. Nielsen, T.-M. Lu, A. Kumar, H. Bakhru, C. Jin, S. L. Lee: *Thin Film Density Determination by Multiple Radiation Energy Disperative X-Ray Reflectivity*. JCPDS-International Centre for Diffraction Data **42** (2000)

[83] F. Claeyssens, A. Cheesman, S. J. Henley, M. N. R. Ashfold: *Studies of the plume accompanying pulsed ultraviolet laser ablation of zinc oxide* J. Appl. Phys **92** (2002)

[84] T. M. Barnes, S. Hand, J. Leaf, C. A. Wolden: *ZnO synthesis by high vacuum plasma-assisted chemical vapor deposition using dimethylzinc and atomic oxygen* J. Vac. Schi. Technol. A **22** (2004)

[85] R. Wiese, H. Jersten, M. Hannemann, M. Hähnel, R. Menner: *Playmaanalyse an Sputteranlagen zur ZnO-Deposition* FVS-Workshop **Sesssion V** (2005)

[86] H. Ikeda, J. Sakata, M. Hayakawa, T. Aoyama, T. Kawakami, K. Kamata, Y. Iwaki, S. Seo, Y. Noda, R. Nomura, S. Yamazaki: *Low-Drive-Voltage OLEDs with a Buffer Layer Having Molybdenum Oxide.* SID 06 Digest (2006)

[87] J. Meyer, T. Winkler, S. Hamwi, S. Schmale, H.-H. Johannes, T. Weimann, P. Hinze, W. Kowalsky, T. Riedl: *Transparent Inverted Organic Light-Emitting Diodes with a Tungsten Oxide Buffer Layer.* Adv. Mater. **20** (2008)

[88] S. Dangtip, Y. Hoshi, Y. Kasahara, Y. Onai, T. Osotchan, Y. Sawada, T. Uchida: *Study of Low Power Deposition of ITO for Top Emission OLED with Facing Target and RF sputtering Systems.* Journal of Physics **100** (2008)

[89] M.- J. Keum, B.- J. Cho, H.- w. Choi, S.- J. Parka and K.- H. Kim: *Preparation of Al doped ZnO thin films as a function of substrate temperature by a facing target sputtering system.* Journal of Ceramic Processing Research **8** (2007)

[90] H.-K. Kim, K.- S. Lee, J. H. Kwon: *Transparent indium zinc oxide top cathode prepared by plasma damage-free sputtering for top-emitting organic light-emitting diodes.* Appl. Phys. Lett. **88** (2006)

[91] M. Kröger: *Device and Process Technology for Full-Color Active-Matrix OLED Displays.* Dissertation zur Erlangung der Doktorwürde, Technische Universität Carola Wilhelmina, Braunschweig (2007)

[92] T.-Y. Chu, J.-F. Chen, S.-Y. Chen, C.-J. Chen, C. H. Chen: *Highly efficient and stable inverted bottom-emission organic light emitting devices.* Appl. Phys. Lett. **89** (2006)

[93] J. C. Bernede, Y.Berredjem, L. Cattin, M. Morsli: *Improvement of organic solar cell performances using a zinc oxide anode coated by an ultrathin metallic layer.* Appl. Phys. Lett. **92** (2008)

[94] H. W. Choi, S. Y. Kim, W.-K. Kim, J.-L. Lee: *Enhancement of electron injection in inverted top-emitting organic light-emitting diodes using an insulating magnesium oxide buffer layer*. Appl. Phys. Lett. **87** (2005)

[95] B. Becker: *Evaluierung rückwirkungsfreier ITO-Sputterprozesse zur Abscheidung auf organischen Halbleitern* Studienarbeit am Institut für Hochfrequenztechnik, Technische Universität Carola Wilhelmina, Braunschweig (2009)

[96] A.G. Erlat, B.M. Henry, J.J. Ingram, D.B. Mountain, A. McGuigan, R.P. Howson, C.R.M. Grovenor, G.A.D. Briggs, Y. Tsukahara: *Characterisation of aluminium oxynitride gas barrier films*. Thin Solid Films **388** (2001)

[97] S. Y. Kim, K. Y. Kim, Y.- H. Tak, J.- L. Lee: *Dark spot formation mechanism in organic light emitting diodes*. Appl. Phys. Lett. **89** (2006)

[98] M. Y. Chan, S. L. Lai, F. L. Wong, O. Lengyel, C. S. Lee, S. T. Lee: *Efficiency enhancement and retarded dark-spots growth of organic light-emitting devices by high-temperature processing*. Chemical Physics Letters **371** (2003)

[99] D. Ma, C. S. Lee, S. T. Lee, L. S. Hung: *Improved efficiency by a graded emissive region in organic light-emitting diodes*. Appl. Phys. Lett. **80** (2002)

[100] M.-C. Sun, J.-H. Jou, W.-K. Weng, Y.-S. Huang: *Enhancing the performance of organic light-emitting devices by selective thermal treatment*. Thin Solid Films **491** (2005)

[101] J. Y. Shen, C. Y. Lee, T.-H. Huang, J. T. Lin, Y.-T. Tao, C.-H. Chien, C. Tsai: *High Tg blue emitting materials for electroluminescent devices*. J. Mater. Chem. **15** (2005)

[102] J.-F. Moulin, M. Brinkmann, A. Thierry, J.-C. Wittman: *Oriented Crystalline Films of Tris(8-hydroxyquinoline) Aluminum(III): Growth of the Alpha Polymorph onto an Ultra-Oriented Poly(tetrafluoroethylene) Substrate*. Adv. Mater. **14** (2002)

[103] Y. Sato, S. Ichinosawa, H. Kanai: *Operation Characteristics and Degradation of Organic Electroluminescent Devices*. IEEE Journal of Selected Topics in Quantum Electronics **4** (1998)

[104] Y. Shirota, H. Kageyama: *Charge Carrier Transporting Molecular Materials and Their Applications in Devices.* Chem. Rev. **107** (2007)

[105] S. Hermann, O. D. Gordan, M. Friedrich, and D. R. T. Zahn: *Optical properties of multilayered Alq_3/α-NPD structures investigated with spectroscopic ellipsometry.* Phys. Stat. Sol. (c) **2** (2005)

[106] P. A. B. Toombs, J. A. Jeal: *A long-life aluminium evaporation source.* J. Sci. Instrum. **42** (1965)

[107] L. Cheng: *Phase Transformation in Iron-Based Interstitial Martensites.* Doctor thesis, Delft University of Technology, the Netherlands (1990)

[108] R. Ramboarina, J. Lepage: *Influence of water vapour and oxygen co-adsorption on adhesion: self-adhesion of aluminium.* Tribology Letters **5** (1998)

[109] P. Lloyd: *Effect of evaporation pressure on the resistance of aluminium films.* Brit. J. Appl. Phys. **15** (1964)

[110] T. Ikeda, H. Murata, Y. Kinoshita, J. Shike, Y. Ikeda, M. Kitano: *Enhanced stability of organic light-emitting devices fabricated under ultra-high vacuum condition.* Chemical Physics Letters **426** (2006)

[111] A. J. Learn: *Aluminium Alloy Film Deposition and Characterization.* Thin Solid Films **20** (1974)

[112] P. Losier, P. V. Ashrit: *Flash evaporated tungsten oxide thin films for electrochromic applications.* Journal of Materials Science Letters **22** (2003)

[113] H. Saltsburg: *Flash Evaporation* The Journal of Chemical Physics **42** (1965)

[114] E. Pinotti, A. Sassella, A. Borghesi: *Thermal model of Knudsen cells for organic molecular beam deposition.* J. Vac. Sci. Technol. A **19** (2001)

[115] A. F. Jankowski, J. L. Ferreira, J. P. Hayes: *Activation Energy for Grain Growth in Aluminum Coatings* Thin Solid Films **UCRL-JRNL-207259** (2004)

[116] D. Altenpohl: *Aluminium von Innen* Aluminium Verlag **5** (1994)

[117] R. Paetzold, A. Winnacker, D. Henseler, V. Cesari, K. Heuser: *Permeation rate measurements by electrical analysis of calcium corrosion.* Review of Scientific Instruments **74** (2003)

[118] S. F. Lim, W. Wang, S. J. Chua: *Degradation of organic light-emitting devices due to formation and growth of dark spots.* Materials Science and Engineering B **85** (2001)

[119] K. Neyts, M. Marescaux, A. U. Nieto, A. Elschner, W. Lövenich, K. Fehse, Q. Huang, K. Walzer, K. Leo: *Inhomogeneous luminance in organic light emitting diodes related to electrode resistivity.* J. Appl. Phys **100** (2006)

[120] M. Amati, F. Lelj: *Monomolecular isomerization processes of aluminum tris(8-hydroxyquinolate)(Alq$_3$): a DFT study of gas-phase reaction paths.* Chemical Physics Letters **363** (2002)

[121] L. S. Hung, C. W. Tang, M. G. Mason: *Enhanced electron injection in organic electroluminescence devices using a Al/LiF electrode* Appl. Phys. Lett. **70** (1997)

[122] Umicore AG: *Consumables for PVC applications Evaporation Materials and Accessoires* (2008)

[123] C. Piliego, M. Mazzeo, M. Salerno, R. Cingolani, G. Gigli, A. Moro: *Analysis and control of the active area scaling effect on white organic light emitting diodes towards lighting applications.* Appl. Phys. Lett. **89** (2006)

[124] C.B. Lee, A. Uddin, X. Hu, T.G. Andersson: *Study of Alq$_3$ thermal evaporation rate effects on the OLED.* Materials Science & Engineering B **112** (2004)

[125] C. H. M. Maree, R. A. Weller, L. C. Feldman, K. Pakbaz, H. W. H. Lee: *Accurate thickness / density measurements of organic light - emitting diodes* Appl. Phys. Lett. **87** (1998) 4013

[126] L.F. Cheng, L.S. Liao, W.Y. Lai, X.H. Sun c, N.B. Wong c, C.S. Lee, S.T. Lee: *Effect of deposition rate on the morphology, chemistry and electroluminescence of tris-8-hydroxyqiunoline/aluminum films.* Chemical Physics Letters **319** (2000)

LITERATURVERZEICHNIS 171

[127] D. Schneider: *Organische Halbleiterlaser*. Dissertation zur Erlangung der Doktorwürde, Technische Universität Carola Wilhelmina, Braunschweig (2004)

[128] M. Cölle, J. Gmeiner, W. Milius, H. Hillebrecht, W. Brütting: *Preperation and Characterization of Blue Luminescent tris(8-hydroxychinolin)aluminum (Alq_3)* Advanced functional Materials 13 (2002)

[129] M. M. Levichkova, J. J. Assa, H. Fröb, K. Leo: *Blue luminescent isolated Alq3 molecules in a solid-state matrix*. Appl. Phys. Lett. 88 (2006)

[130] M. Muccini, M. A. Loi, K. Kenevey, R. Zamboni, N. Masciocchi, A. Sironi: *Blue Luminescence of Facial Tris(quinolin-8-olato)aluminium(3) in Solution, Crystal and Thin Films* Adv. Mater. 16 (2004) 861

[131] B. Xu, H.Wang, Y. Hao, Z. Gao, H. Zhou: *Preperation and performance of a new type of blue light-emitting material $\delta - Alq_3$* Journal of Luminescence 123 (2007)

[132] J. Lunze: *Regelungstechnik 1* Springer Berlin / Heidelberg, 7. Auflage (2008)

[133] P. N. M. Anjos, H. Aziz, N.-X. Hu, Z. D. Popovic: *Temperature dependence of electroluminescence degradation in organic light emitting devices without and with a copper phthalocyanine buffer layer*. Organic Electronics 3 (2002)

[134] B. W. D'Andrade, R. J. Holmes, S. R. Forrest: *Efficient Organic Electrophosphorescent White-Light-Emitting Device with a Triple Doped Emissive Layer*. Adv. Mater. 16 (2004)

[135] B. W. D'Andrade, S. R. Forrest: *White Organic Light-Emitting Devices for Solid-State Lighting*. Adv. Mater. 16 (2004)

[136] R. Meerheim, K. Walzer, M. Pfeiffer, K. Leo: *Ultrastable and efficient red organic light emitting diodes with doped transport layers*. Appl. Phys. Lett. 89 (2006)

[137] G. Ginev: *Optical Properties of Thin Organic Films and Structures for Display Applications*. Dissertation zur Erlangung der Doktorwürde, Technische Universität Carola Wilhelmina, Braunschweig (2005)

[138] V. Bulovic, R. Deshpande, M.E. Thompson, S.R. Forrest: *Tuning the color emission of thin film molecular organic light emitting devices by the solid state solvation effect.* Chemical Physics Letters **308** (1999)

[139] V. Bulovic, S. Coe, C. Madigan, D. Mascaro: *Organic Materials in Optoelectronic Applications: Physial Processes and Active Devices* RLE Progress Report **143** (2000)

[140] M. Long, J. M. Grace, D. R. Freeman, N. P. Redden, B. E. Koppe, R. C. Brost: *New Capabilities in Vacuum Thermal Evaporation Sources for Small Molecule OLED Manufacturing.* SID 06 Digest (2006)

[141] Dr.Eberl MBE - Komponenten GmbH: *Temperature at vapor pressure* (2003)

[142] S. C. Jackson, B. N. Baron, R. E. Rocheleau, T. W. F. Russel: *Molecular beam distributions from high rate sources.* J. Vac. Sci. Technol. A **3** (1985)

[143] W. Sittel: *Abscheidung einer organischen Leuchtdiode aus Hochratenverdampfung* Studienarbeit am Institut für Hochfrequenztechnik, Technische Universität Carola Wilhelmina, Braunschweig (2009)

[144] M. Hoping: *Tiefblaue phosphoreszente organische Leuchtdioden* Dissertation zur Erlangung der Doktorwürde, Technische Universität Carola Wilhelmina, Braunschweig (2009)